DEUTSCHE AKADEMIE DER WISSENSCHAFTEN ZU BERLIN

Veröffentlichungen der Sternwarte Babelsberg

Band XV, Heft 1

PETER NOTNI

EIGENSCHAFTEN UND BEWEGUNG DER STAUBTEILCHEN IN KOMA UND SCHWEIF VON KOMETEN

Mit 21 Abbildungen und 7 Tabellen

AKADEMIE-VERLAG · BERLIN

1964

Erschienen im Akademie-Verlag GmbH, Berlin W 8, Leipziger Straße 3–4

Lizenznummer: 202 · 100/467/64
Gesamtherstellung: VEB Druckerei „Thomas Müntzer" Bad Langensalza
Bestellnummer: 2077/4 · ES 18 D 3 · Preis: MDN 8,50

DEUTSCHE AKADEMIE DER WISSENSCHAFTEN ZU BERLIN

VERÖFFENTLICHUNGEN DER STERNWARTE BABELSBERG

Band XIV

AKADEMIE-VERLAG · BERLIN
1963

INHALT

G l i e d e r u n g

Zusammenfassung. Farb- und Polarisationsmessungen staubreicher Kometen werden benutzt, um Aussagen über Größe und stoffliche Zusammensetzung der Staubteilchen in Koma und Schweif solcher Kometen zu gewinnen. Es handelt sich vermutlich um absorbierende Teilchen, von denen ein großer Teil wahrscheinlich größer als die Lichtwellenlänge ist. Da für solche Teilchen der Strahlungsdruck nicht zur Erklärung der Schweifbildung herangezogen werden kann, wird die Wechselwirkung mit den Plasmen der Kometenkoma und des interplanetaren Raumes genauer analysiert. Die Staubteilchen nehmen im Plasma eine elektrische Ladung auf, es kommt deshalb zu elektrischen und magnetischen Kräften zwischen Plasma und Staubteilchen. Am effektivsten erweist sich die Mitführung im Ionenstrom des Kometenkopfes, der den leichteren Teilchen eine hohe Geschwindigkeit etwa in Richtung des verlängerten Radiusvektors von der Sonne erteilt. Diese Geschwindigkeit genügt, um die Staubteilchen in den Schweif zu befördern. Die Form des Staubschweifs des Kometen Mrkos 1957 d kann, einschließlich der bisher unerklärten Synchronenstrukturen, mit Hilfe dieser modifizierten Theorie dargestellt werden.

Abstract. Measurements of colour and polarization of dust-rich comets are discussed, to get information about the size and the composition of the dust-grains within the comae and tails of such comets. Presumably the particles are of an absorbing nature, most of them having a size greater than the wavelength of light. For such particles the radiation pressure is inadequate to give an explanation of the tail; therefore the interaction with the plasmas of the cometary head and the interplanetary medium are discussed. The particles get an electric charge; this results in forces between the plasma and the dust-particles. Most effective is the coupling of the dust-grains to the ions of the cometary head; these ions, travelling roughly in the direction of the prolonged radius-vector, will accelerate the smaller dust-grains to high velocities in the same general direction. These velocities are sufficient to transport the dust-particles into the tail. The form of the dust-tail of comet Mrcos 1957 d can be explained by this modified theory, including the hitherto unexplained synchrone-structures.

Резюме. Анализируются цвет и поляризация света комет, богатых пылем, чтобы определить величину и состав пылинок в коме и хвосте таких комет. Пылинки наверно абсорбирующие; они большей частью имеют радиус больше длины волн света. Для таких частиц световое давление не дает объяснение образованию хвоста, поэтому более подробно анализируются взаимодействия с плазмой комы кометы и межпланетной среды. Пылинки в плазме приобретают электрический заряд, поэтому имеются электрические и магнитные силы между плазмой и пылинкой. Наиболее эффективной оказывается связь пылинок с потоком ионов в голове кометы. Этот поток ускоряет пылинки до высокой скорости, направленной примерно по продолженному радиусу - вектору. Эта скорость достаточна, чтобы пылинки перевозились в хвост. Очертания пылевого хвоста кометы Мркос 1957 d могут быть объяснены этой модифицированной теорией, включая пока необъясненные синхронные образования.

Einleitung

An der Oberfläche des Kernes eines Kometen setzt bei Annäherung an die Sonne eine intensive Verdampfung ein. Die verdampfenden Atome der leichter flüchtigen Bestandteile reißen dabei feste Teilchen der schwerer schmelzbaren Komponenten mit sich fort. Auf diese Weise können "Staubteilchen" mit Durchmessern bis über 1 cm in die Koma des Kometen gelangen [1] [2] [3]. Für die weitere Bewegung dieser Staubteilchen ist - außer für die schwersten - die Anziehungskraft des Kometenkernes zu vernachlässigen; die Teilchen werden jetzt nur noch von der Sonnenanziehung, dem Lichtdruck und den Kräften, die von den Plasmen der Kometenatmosphäre und des interplanetaren Raumes ausgehen, beeinflußt. Auf kleine Teilchen ($r < 10^{-4}$ cm) wirkt der Lichtdruck merklich; die bestehende Theorie der Staubschweife (Typ II und III nach BREDICHIN [4]) verweist auf ihn als Ursache der von der Sonne weggerichteten Geschwindigkeiten der Staubteilchen relativ zum Kometenkern. Die Beschleunigung durch Aufprall der Ionen des Sonnenwindes liegt bei hohen Ionendichten (10^3 - 10^4 cm^{-3}) etwa in derselben Größenordnung [5].

Die Größe der Staubteilchen wird meist aus den beobachteten Werten der Beschleunigung mit Hilfe der Theorie des Lichtdruckes abgeschätzt; die Beschleunigungen wiederum sind nicht direkt gemessen, sondern aus der Form des Schweifes abgeleitet. Erst in letzter Zeit sind Versuche gemacht worden [5], aus der Farbe des reflektierten Sonnenlichtes durch Anwendung der MIE'schen Theorie Werte für die Teilchendurchmesser zu erhalten; die so ermittelten Durchmesser liegen etwas höher als früher vermutet wurde.

Die folgende Arbeit gliedert sich in drei Teile. Im ersten Teil werden Farb- und Polarisationsmessungen einiger staubreicher Kometen zusammengestellt und versucht, aus diesen Messungen Hinweise auf Größe und stoffliche Zusammensetzung der Teilchen zu erhalten.

Im zweiten Teil werden die Kräfte untersucht, die auf die Staubteilchen wirken und zur Ausbildung eines Schweifes führen können. Die bisher wenig untersuchten Wechselwirkungen mit den Plasmen des Kometenkopfes und des interplanetaren Raumes werden genauer analysiert.

Der dritte Teil ist dem Vergleich der beobachteten Schweifformen mit den Aussagen der Theorie gewidmet.

Teil I

Die Eigenschaften der Staubteilchen

1. Beobachtungsdaten

a) Farbenindizes

α) Koma. Die älteren photographischen und auch einige frühe lichtelektrische Meßreihen ergaben durchweg starke Schwankungen der Farben der Koma, selbst bei ein und demselben Kometen. Erst die neueren lichtelektrischen Messungen zeigten, daß es sich hier um Meßfehler gehandelt hatte und daß, ganz im Gegenteil, die Farben der Kometen erstaunlich konstant sind [6] - [11].

Alle guten und untereinander vergleichbaren Kometenmessungen sind im internationalen UBV-System der Stellarphotometrie durchgeführt, einem System, das an sich für die Photometrie von Kometen nur bedingt geeignet ist. Insbesondere befindet sich die Emissionsbande des CN bei 388 nm genau an der Kante der beiden Bereiche U und B. Sie trägt also in beiden Bereichen zur

Farben der Kometenkomae, $\varnothing = 5 \cdot 10^4$ km

Komet	U-B	B-V	r	ϑ	Bemerkungen
1955 f	$-0^m.52$	$+0^m.66$	1.45	140°	Kräftige Emissionen, starke C_3-Bande [6] [12]
1958 α	-0.24	+0.685	1.35±	131°	[7]
1959 k	-0.15	+0.87	1.25	138°	Starke Banden [10]
	-0.37	+0.93	0.87	74°	
	-0.30	+0.85	1.08	96°/119°	
	-0.27	+0.74	1.26	123°/131°	
1959 b	-	+0.60:	0.94	94°	Fast Kontinuum, schwache Banden [10]
1957 d	-	+0.89:	1.20	145°	Kontinuum mit höchstens 10 % Bandenemission [9]
1956 h	(+0.25)	+0.78	0.7 - 1.3	90°-140°	(UV andere Blende) Starkes Kontinuum, Emissionsanteil 10 - 20 % [11]
1925 II	(+0.26)	(+0.75)	6.01	173°	($\varnothing = 25 \cdot 10^4$ km) Reines Kontinuum während eines Ausbruchs [8]
1954 h	+0.42:	+0.82	4.03	175°	Reines Kontinuum [6]
1956 h	+0.45:	+0.85:	1.00±	-	Kontinuum [11]

Helligkeit bei, zudem bei verschiedenen Beobachtern wahrscheinlich verschieden, da die Unterschiede der Filterdurchlässigkeit gerade an den Bereichsgrenzen besonders stark sind. Die Messungen werden im allgemeinen mit mehreren konzentrischen Blenden durchgeführt, die verschieden große Gebiete mit dem Kern im Mittelpunkt ausblenden. Wir erhalten damit außer Farbindex und Helligkeit auch deren Variationen mit dem Blendendurchmesser.

Wir wollen nun die Farben verschiedener Kometen vergleichen. Dazu befreien wir uns von der - meist geringen - Farbvariation in der Koma, indem wir nur die Farben innerhalb eines festgelegten Komadurchmessers von $5 \cdot 10^4$ km betrachten. Obgleich uns nur der Farbindex der Staubkomponente eines Kometen interessiert, wollen wir auch die Farbe derjenigen Kometen mitbetrachten, die starke Molekülemissionen zeigen. Wir können dann leichter beurteilen, inwieweit die Farben staubreicher Kometen durch die Anwesenheit der Molekülbanden verändert werden können.

Tabelle 1 gibt eine Zusammenstellung der Daten, geordnet nach der Größe des Wertes U-B und der Intensität der Emissionsbanden. Wir sehen sofort, daß diese beiden Merkmale miteinander korreliert sind. Der Zusammenhang ist für B-V viel schwächer, vielleicht auch gar nicht vorhanden. Reine Staubkometen gruppieren sich um B-V = + $0^m.8$, U-B = + $0^m.35$, während gasreiche Kometen im oberen Teil des Zweifarbendiagrammes liegen (Abb. 1). Die Molekülemissionen beeinflussen also den Wert B-V nicht wesentlich; wir können B-V = $+0^m.8 \pm 0.1$ für die Staubkomponente annehmen. Die Festlegung des U-B-Index ist schwieriger, da wir nicht wissen, wieviel unentdeckte Emissionen in den "reinen" Kontinua von 1925 II und 1954 h noch enthalten sind. Den höchsten Wert U-B ergibt der vom Einfluß der Banden grob befreite Wert des Kometen Arend-Roland. Wir gehen deshalb

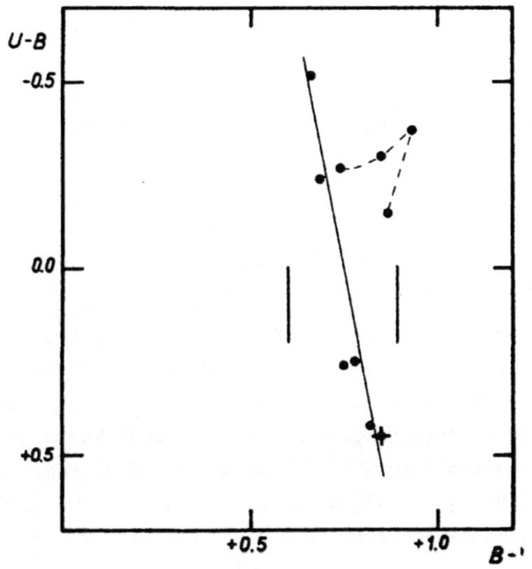

Abb. 1

Zweifarbendiagramm der inneren Kometenkomae

● Einzelwerte nach Tab. 1

| nur B-V bekannt (1959 b, 1957 d)

●---● Komet 1959 k, zeitliche Änderung

✦ 1956 h Kontinuum

wohl kaum sehr fehl, wenn wir als Mittelwert für die Staubteilchen aller Kometen U - B = = + $0^m.40 \pm 0.15$ ansetzen.

Die Rötung relativ zur Sonnenstrahlung (B-V = + $0^m.64$, U-B = + $0^m.16$) beträgt also etwa

$$E_{B-V} = +0^m.15 \pm .10$$

$$E_{U-B} = +0.25 \pm .15$$

Bemerkenswert ist die Gleichartigkeit aller Kometen. Obwohl die Sonnendistanz r zwischen etwa 0.7 AE und 6 AE und der Streuwinkel ϑ zwischen 90° und nahe 180° variiert, ändert sich die Farbe der Staubkomponente so gut wie überhaupt nicht. Für einen Einzelkometen ist diese Konstanz bei Arend-Roland gut belegt [11]; die beiden anderen Staubkometen 1954 h und 1925 II fügen sich zwanglos ein, und auch die übrigen Kometen führen nicht zu einem offensichtlichen Widerspruch.

β) Schweif. Die bisher besten Messungen der Farbe von Kometenschweifen sind die Messungen von LILLER [5] in den Schweifen der Kometen 1956 h und 1957 d. Sie sind mit einem registrierenden lichtelektrischen Spektralphotometer durchgeführt und gestatten unmittelbar die Angabe der spektralen Energieverteilung des Kontinuums. Die Ergebnisse sind in der Abbildung 2 dargestellt. Die Verteilung scheint für beide Kometen etwas verschieden zu laufen, doch sind die Unterschiede klein und kaum verbürgbar. Sonnendistanz und Streuwinkel gibt Tabelle 2 an.

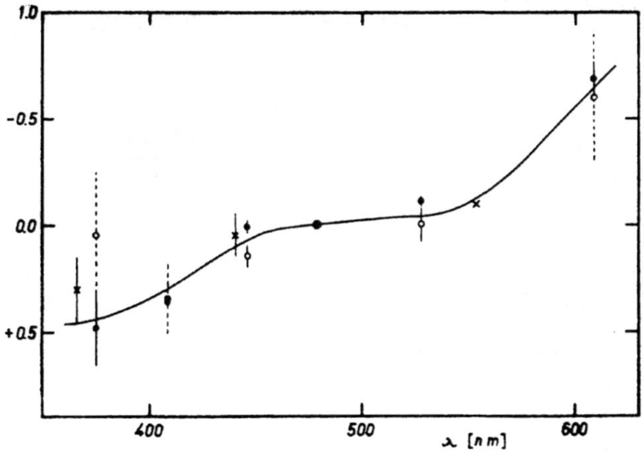

Abb. 2

Verfärbung im Schweifkontinuum von 1956 h und 1957 d nach [5]

● 1956 h, ○ 1957 d,

✕ Mittlere Verfärbung des Kontinuums der Komae

Tabelle 2

Komet	r	ϑ
1956 h	0.69	90°.0
1957 d	0.68	118.8

Zum Vergleich ist in die Abbildung noch die oben abgeleitete mittlere Verfärbung der Staubkomae eingetragen (der Nullpunkt ist verschiebbar!); sie fällt in denselben Bereich wie die im Schweif gemessenen Werte.

Wir finden also unseren oben gezogenen Schluß über die Ähnlichkeit der Staubkomponente aller Kometen bestätigt und dahingehend erweitert, daß auch die Unterschiede zwischen Staubkoma und Staubschweif nicht sehr groß sein können. Diese Feststellung bezieht sich auch auf den "Gegenschweif" des Kometen Arend-Roland, der nach einer Bemerkung bei LILLER spektroskopisch keine Abweichungen vom Hauptschweif zeigte.

b) Polarisation

Polarisationsmessungen an Kometen sind noch seltener als gute Farbmessungen. Die ausführlichsten Meßreihen beziehen sich auf die beiden Kometen 1956 h Arend-Roland [9], [14] - [16] und 1957 d Mrkos [9], [17] - [19]. Beide Kometen waren sehr staubreich. Leider ist in fast allen Messungen ein wenn auch schwacher Beitrag der Banden vorhanden, der unglücklicherweise bei beiden Objekten gleichartig mit wachsendem Streuwinkel abnimmt. Gerade die hohen Polarisationsgrade in der Nähe von $\vartheta = 90^\circ$ können dadurch noch etwas zu niedrig ausgefallen sein. Genaue Werte des Beitrages der Emissionen sind nicht bekannt; rechnen wir mit 20 - 30 %, so muß die gemessene Polarisation bei $\vartheta = 90^\circ$ um etwa 2 - 4 % erhöht werden [14]. Die Korrektur ist also nicht groß; der Charakter der Polarisationskurven kann durch die Molekülemissionen nicht verfälscht werden.

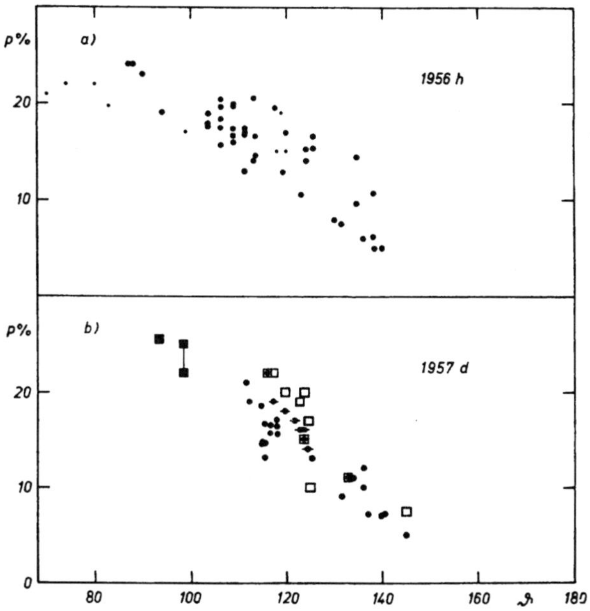

Abb. 3

Polarisationsmessungen an Kometen

a) ● 1956 h, nach [9] [14] [15]
• 1956 h, nach [16] ohne die drei letzten Messungen

b) ● 1957 d, nach [9] [17] - [19]
-◆- 1957 d bei 600 - 870 nm, nach [17]
□ 1957 d, äußere Koma in Schweifrichtung, [17] [19]
■ 1959 b, nach [20]
■ 1941 c, nach [13] (unten); oben ohne Bandenanteil [14]

Die Abbildungen 3 a) und 3 b) zeigen den Verlauf des Polarisationsgrades mit dem Streuwinkel für die beiden eben zitierten Kometen nach den Messungen verschiedener Autoren. In Abb. 3 b) sind außerdem noch je ein Meßpunkt von 1959 b (Mittel von zwei Tagen, [20]) und von 1941 c [13] eingetragen. Beide besaßen ein kontinuierliches Spektrum mit nur schwachen Banden.

Die Genauigkeit der Beobachtungen ist nicht ausreichend, um eine eventuelle Abhängigkeit des Polarisationsgrades von der Wellenlänge untersuchen zu können, doch zeigen die Messungen von MARTEL, daß der Polarisationsgrad beim Übergang zu längeren Wellen entgegen den Erwartungen nicht abfällt, sondern vielleicht sogar etwas ansteigt. Inwieweit die verschiedenartigen Einflüsse der

Emissionsbanden dafür verantwortlich zu machen sind, läßt sich schwer abschätzen. (Die im Kurzwelligen liegenden Banden von CN und C_2 verringern den gemessenen Polarisationsgrad, während er z.B. durch die Na-Emission bei 589 nm erhöht wird; vgl. [9].)

Wir wollen die Ergebnisse der Polarisationsmessungen folgendermaßen zusammenfassen (vgl. auch Abb. 8):

1. Die Polarisationskurven der beiden Kometen sind einander sehr ähnlich, vielleicht sind sie sogar gleich. Die Einzelwerte der übrigen Staubkometen passen gut in diese Kurven hinein.
2. Die wenigen in der äußeren Koma (Schweifansatz) von 1957 d gemessenen Werte liegen gleichfalls in der Nähe der mittleren Kurve.
3. Der Verlauf der Polarisationskurve ist glatt, negative Werte treten nicht auf. Das Maximum der Kurve liegt bei etwa $\vartheta = 80^\circ$ bis 90°, eventuell auch bei noch kleineren Streuwinkeln. Die Polarisation des Kontinuums beträgt bei $\vartheta = 90^\circ$ etwa 24 bis 27 % (befreit vom Beitrag der Molekülbanden).
4. Die Polarisation bleibt zwischen 400 nm und 800 nm etwa konstant; auch eine leichte Zunahme nach langen Wellen ist mit den Beobachtungen verträglich.

2. Deutung der Farb- und Polarisationsmessungen

a) Kleine Teilchen, $r \approx \lambda$

Die Lichtstreuung durch kugelförmige Teilchen, deren Ausmaße in der Größenordnung der Lichtwellenlänge liegen, wird durch die Theorie von MIE beschrieben. Sie gestattet, für jeden Streuwinkel ϑ zwei Intensitätsfunktionen i_1 und i_2 zu berechnen, aus denen sich die Intensität I und der Polarisationsgrad p des gestreuten Lichtes ergeben:

$$I = \frac{I_o}{R^2} \frac{r^2}{\alpha^2} \left(\frac{i_1 + i_2}{2}\right)$$

$$p = \frac{i_1 - i_2}{i_1 + i_2}$$

Hier ist r der Teilchenradius, R die Entfernung des Beobachters vom Teilchen, $\alpha = 2\pi r \lambda^{-1}$, I_o die Intensität des einfallenden unpolarisierten Lichtes. Die Funktionen i_1 und i_2 gelten für zur Visionsebene senkrechte bzw. parallele Schwingungen des elektrischen Vektors.

Wir wollen hier nicht die Lösungen der Theorie näher diskutieren, sondern nur zwei bekannt gewordene Versuche zur Deutung der Kometenmessungen auf ihre Brauchbarkeit untersuchen. Eine gute Darstellung der neuesten Ergebnisse der MIE'schen Theorie sowie einige grundsätzliche Untersuchungen über die Grenzfälle bei sehr kleinen und sehr großen Teilchen sind bei GIESE [23] [24] zu finden. Dort ist auch die Abhängigkeit der Lösungen vom imaginären Teil des Brechungsindex näher untersucht.

Da wir es mit optisch äußerst dünnen Staubwolken zu tun haben, können wir in den folgenden Betrachtungen vom Einfluß der Mehrfachstreuung absehen.

α) Dielektrische Teilchen. Die Polarisationsmessungen der Kometen 1957 d und 1956 h wurden von MARTEL [17] unter der Annahme dielektrischer Teilchen vom Brechungsindex 1.33 gedeutet. Sie verwendete summarische Streufunktionen $\bar{i}_1$ und $\bar{i}_2$, die in einer Arbeit von HOUZIAUX und BATTIAU

[22] für verschiedene Verteilungen der Partikel über die Radien angegeben sind. Die beste Darstellung wird erreicht mit der Teilchengröße $\alpha_o = 2.2$ und einer Verteilungsfunktion $f(\alpha) = 1$ für $\frac{3}{4}\alpha_o < \alpha < \frac{5}{4}\alpha_o$ und $f(\alpha) = 0$ außerhalb dieses Intervalls.

Diese Darstellung befriedigt jedoch die übrigen Beobachtungsdaten nicht. Zunächst ist der theoretische Polarisationsgrad sehr stark von der Wellenlänge abhängig; z.B. gilt bei $\vartheta = 120^o$ für $\alpha_o = 2.0$ $p = 14$ %, für $\alpha_o = 2.4$ $p = 32$ % und für $\alpha_o = 2.8$ $p = 48$ %. Eine solche starke Variation des Polarisationsgrades mit der Wellenlänge ist nicht beobachtet. Betrachten wir weiterhin die von der Theorie vorhergesagte Farbe, so finden wir gleichfalls keine Übereinstimmung mit der Beobachtung: Bei $\vartheta = 90^o$ tritt zwar eine Rötung ein, bei Streuwinkeln über 95° ist jedoch das gestreute Licht zum Teil wesentlich blauer als das einfallende (vgl. Abb. 4).

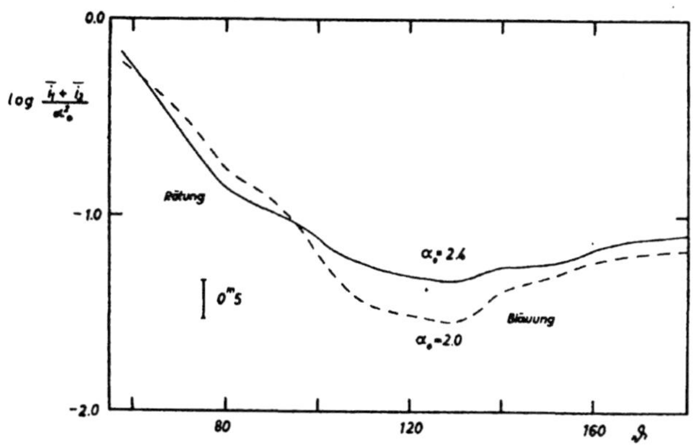

Abb. 4

Wir müssen deshalb diese Deutung der Kometenmessung durch Streuung an H_2O-Teilchen wohl fallen lassen. Es ist zwar nicht mit Sicherheit auszuschließen, daß man eine Radienverteilungsfunktion finden kann, die den Beobachtungen genügt, jedoch erscheint dies in Anbetracht des unruhigen Verlaufs der Funktionen i_1 und i_2 sehr unwahrscheinlich.

Das gleiche gilt grundsätzlich für alle Arten dielektrischer Teilchen oder Mischungen aus solchen Teilchen. Insbesondere scheint es nahezu unmöglich zu sein, die doch wohl ziemlich monoton mit ϑ fallende Polarisation darzustellen (vgl. auch [27, Abb. 2]), während sich Teilchengrößen, die eine Rötung der einfallenden Strahlung ergeben, auch für größere Intervalle des Streuwinkels wahrscheinlich meist finden lassen (vgl. [5]).

β) Absorbierende Teilchen. Wesentlich angenehmere Eigenschaften haben die Streufunktionen an kleinen Eisenteilchen, die von LILLER zur Deutung vorgeschlagen wurden. In dem uns interessierenden Gebiet der Rückwärtsstreuung ($\vartheta > 90^o$) gehen i_1 und i_2 mit wachsendem α wegen der Absorption der in das Teilchen eingedrungenen Strahlung sehr schnell in die für reine Metallreflexion gültigen Formeln über (s. GIESE [23]). Schon ab $\alpha = 10$ sind diese Formeln eine durchaus brauchbare Näherung. Haben wir ein Gemisch von Teilchen verschiedenen Durchmessers, so wird die Näherung noch besser, da sich dann die Beugungsmaxima und -minima der kleineren Teilchen nahezu aufheben.

Die Abbildung 5 zeigt in ihrem linken unteren Teil den Verlauf der Streufunktionen für drei Streuwinkel, entnommen aus den graphischen Darstellungen von GIESE [23] [25]. Die Darstellung gilt für den Brechungsindex $m = 1.27 - 1.37\,i$ (Eisen bei 440 nm). Wir sehen, daß bei Mittelung über einen größeren Bereich von Teilchengrößen (α) bis etwa herab zu $\alpha = 3$ keine merkliche Verfärbung eintritt (bei $\vartheta = 135^o$ sogar bis $\alpha = 2$), während zwischen $\alpha \approx 3$ und $\alpha \approx 1.2$ eine deutliche Rötung zu erwarten ist. Bei noch kleineren α ist das gestreute Licht blau (Übergang zur RAYLEIGH-Streuung).

Für andere komplexe Brechungsindizes ist der Verlauf der Funktionen i_1 und i_2 ähnlich. Die Abbildung zeigt über den für Eisen gültigen Kurven noch - grob skizziert - die für den

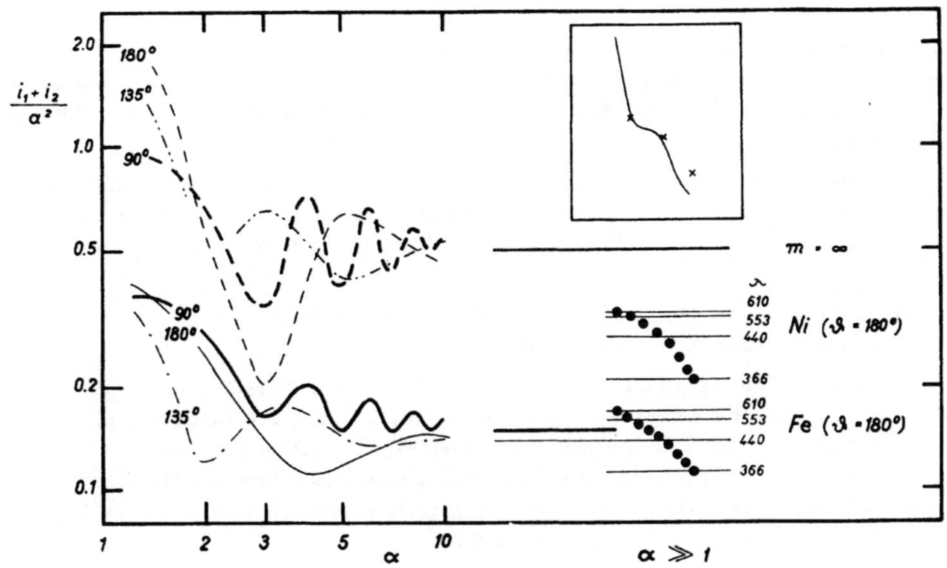

Abb. 5

Streufunktionen absorbierender Teilchen

Links - kleine Teilchen, verschiedene Streuwinkel ϑ.
Oben m = ∞, unten m = 1.27 - 1.37 i

Mitte - Grenzwerte der linken Kurven für $\alpha \rightarrow \infty$

Rechts - Grenzwerte für $\alpha \rightarrow \infty$ für Ni und Fe bei verschiedenen Wellenlängen

Rechts oben - Beobachtungen

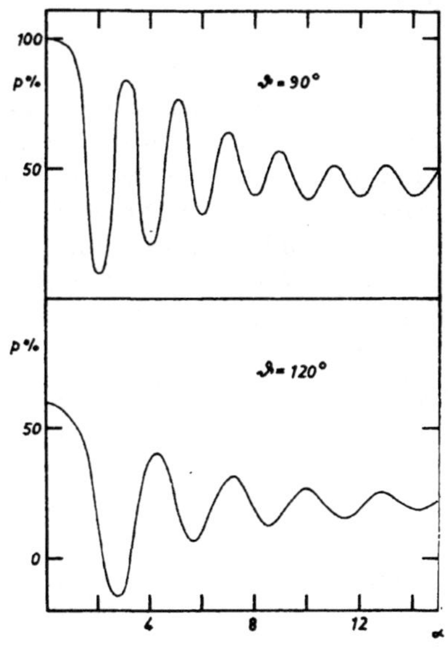

Abb. 6

Grenzfall m = ∞ gerechneten [26], gegen die mit wachsendem m alle Kurven streuender Teilchen schließlich konvergieren. Die Kurven sind, außer für $\vartheta = 180^\circ$, denen für m = 1.27 - 1.37 i verblüffend ähnlich. Insbesondere bleibt auch die Lage der Maxima und Minima der Funktion $(i_1 + i_2)\,\alpha^{-2}$ beim Übergang von m = = 1.27 - 1.37 i zu m = ∞ genähert erhalten, solange wir nicht zu nahe an $\vartheta = 180^\circ$ herankommen. (Die Extrema werden stark durch die Extrema von i_2 mitbestimmt; diese liegen stets an etwa derselben Stelle, nehmen aber mit $\vartheta \rightarrow 180^\circ$ schnell ab.) Dies gilt für sämtliche komplexen Brechungsindizes, sobald deren Imaginärteil hinreichend groß ist ($\mathrm{Im}(m) > 0.50$, vgl. [23]). Die oben für Eisen angegebenen Gebiete von α, in denen Verfärbung eintritt, bleiben also für andere komplexe Brechungsindizes erhalten, solange wir eine Mischung genügend unterschiedlicher Teilchengrößen vor uns haben und die in ihren feineren Einzelheiten sicher verschiedenartigen Kurven grob glätten können.

Das Verhalten des Polarisationsgrades im Gebiet der Rückwärtsstreuung ist ähnlich einfach. Abbildung 6 zeigt den ungefähren Verlauf für Eisen (440 nm) für zwei Streuwinkel. Mit wachsendem α schwingt p schließlich auf den Wert ein, der für reine Metallreflexion gilt. Die m i t t l e r e Polarisation, die man bei Mittelung über einen größeren Bereich von α erhält, ist bis herab zu $\alpha = 2$ von diesem Grenzwert kaum verschieden; für kleinere α geht sie in die für die RAYLEIGH-Streuung gültigen Werte über.

Auch hier bleibt der Charakter der Kurven bei Änderung des komplexen Brechungsindex erhalten, es ändert sich nur der mittlere Polarisationsgrad. Dieser fällt mit wachsendem Imaginärteil des Brechungsindex schnell ab [23]; für $m = \infty$ ist die Polarisation für große α im Mittel gleich Null.

Der mittlere Polarisationsgrad nimmt bei festgehaltenem Brechungsindex im Gebiet der Rückwärtsstreuung mit wachsendem Streuwinkel ϑ stetig auf Null ab.

Die soeben beschriebene Funktion $(i_1 + i_2)\ \alpha^{-2}$ stellt die Variation der Intensität des Streulichtes in Abhängigkeit von dem Parameter $\alpha = 2\pi r \lambda^{-1}$ dar. Die Verfärbung des gestreuten Lichtes wird bestimmt durch den Verlauf eben dieser Funktion, kombiniert mit der Änderung des Brechungsindex mit der Wellenlänge. Diese Änderung konnte wegen ihrer Kleinheit bei der Diskussion dielektrischer Teilchen vernachlässigt werden; bei metallischen Teilchen spielt jedoch diese "Eigenfarbe" der Teilchen eine wesentliche Rolle.

Im rechten Teil der Abbildung 5 sind für die beiden Metalle Nickel und Eisen die Grenzwerte der Streufunktion bei verschiedenen Wellenlängen für große α eingezeichnet. Sie sind bei größerem Brechungsindex von ϑ praktisch unabhängig, auch für mittlere, wie etwa bei Eisen, ist diese Abhängigkeit nicht groß. Die Verschiedenheit dieser Grenzwerte bedingt die Körperfarbe der Teilchen. Die in die Abbildung dick punktiert eingezeichneten Kurvenstücke zeigen diese Farbe für den betrachteten Wellenlängenbereich für Nickel und Eisen. Für chemisch nicht reine Substanzen, wie sie die Staubteilchen in Kometen darstellen dürften, kann die Eigenfarbe rechnerisch nicht bestimmt werden; es bleibt dann nur der Vergleich mit den gemessenen Farben größerer Körper, der weiter unten noch durchgeführt werden soll.

Da der Verlauf der Funktion $(i_1 + i_2)\ \alpha^{-2}$ für alle komplexen Brechungsindizes ähnlich ist, kann die Gesamtverfärbung des Streulichtes bei kleinen Teilchen näherungsweise durch Addition der Beiträge der Eigenfarbe und der Streufunktion etwa von Eisen abgeschätzt werden.

Der Vergleich mit den Beobachtungen gestaltet sich einfach. Im rechten oberen Teil der Abbildung 5 sind die Farbmessungen noch einmal im Maßstab der übrigen Zeichnung dargestellt. Die genau darunter dargestellten Eigenfarben der Metalle Nickel und Eisen stimmen im Sichtbaren und im Ultravioletten nahezu mit den beobachteten Farben der Staubteilchen überein; insbesondere entsprechen die als Kreuze dargestellten UBV-Messungen fast genau den beiden zitierten Metallen. Bei langen Wellenlängen scheinen die Kometen röter zu sein. Wir könnten dies als Hinweis darauf auffassen, daß wir dort in das Gebiet der von α abhängigen Rötung kommen ($\alpha < 2 - 3$), jedoch können ebensogut die Staubteilchen röter als die beiden Metalle sein.

Die gemessenen Polarisationsgrade liegen (bei $\vartheta > 90°$) zwischen denen von Eisen und Nickel (s. Abb. 8, S. 17), sie lassen sich also in groben Zügen gleichfalls mit der Annahme großer, stark absorbierender Teilchen erklären. Schwieriger ist die Deutung des in den Beobachtungen angedeuteten Anstiegs der Polarisation zum Infraroten, da bei reinen Metallen die mittlere Polarisation stets mit der Wellenlänge abfällt (vgl. Tab. 3c, S. 16). Man könnte vermuten, daß dieser Anstieg durch das Vorhandensein sehr kleiner Teilchen erklärt werden kann. Wollen wir gleichzeitig die verstärkte Rötung durch diese Annahme erklären, so erhalten wir z.B. für den Kometen 1957 d ($\vartheta \approx 120°$) einen Teilchenradius von etwa 0.15 µm ($\alpha = 2.15$ bei 440 nm, 1.8 bei 528 nm, 1.55 bei 610 nm, 1.18 bei 800 nm). Wir müssen dabei eine relativ schmale Verteilungsfunktion der Radien annehmen, damit bei 610 nm nicht ein zu großer Beitrag zur Gesamtintensität von Teilchen stammt, die außerhalb des Rötungsgebietes (α = 1.1 - 2.0) liegen. (Vgl. Abb. 7; mit der angenommenen Radienverteilungsbreite von Δ log α = 0.2 beträgt der zusätzliche Farbexzeß $0^m.20$ [610/528 nm]; wären nur Teilchen e i n e s Radius vorhanden, so stiege der Exzeß bis etwa $0^m.30$ an.)

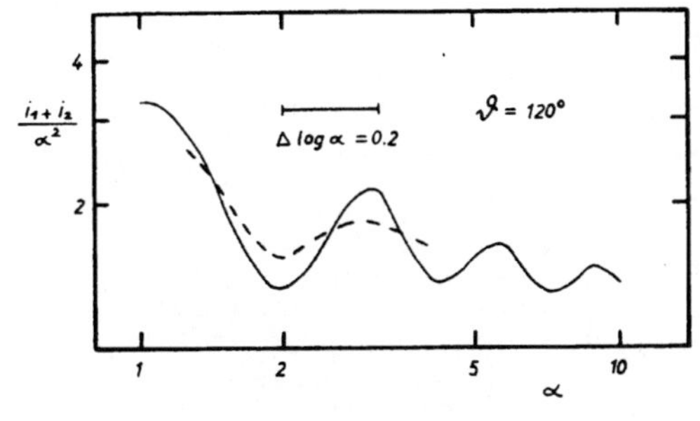

Abb. 7

Streufunktion für Eisen, λ = 440 nm, sowie Glättung bei rechteckiger Radienverteilungsfunktion (gestrichelt)

Bei einer so geringen Änderung von α durchläuft aber der Polarisationsgrad erst höchstens eine halbe Welle, so daß hier nicht mehr geglättet werden darf. Die zu erwartenden Polarisationsgrade liegen also bei 0 % (440 nm), 20 % (528 nm) und 40 % (800 nm) (vgl. Abb. 6; bei der Entnahme der Werte ist noch die Wellenlängenabhängigkeit der mittleren Polarisation zu berücksichtigen). Für eine derart drastische Änderung geben die Beobachtungen keinerlei Anhaltspunkte; insbesondere sollte auch die Polarisation zwischen 600 nm und 800 nm noch ansteigen, während sie bei MARTEL nahezu gleich bleibt. Es scheint also nicht so, als ob diese Erklärung der starken Verfärbung und des Verhaltens der Polarisation im Infraroten widerspruchsfrei bleibt. Es ist auch schwer einzusehen, wieso die beiden Kometen 1956 h und 1957 d fast gleich gefärbt sind, während man wegen der verschiedenen Streuwinkel (Tabelle 2) bei gleicher Teilchengröße verschiedene Verfärbung erwarten sollte (vgl. Abb. 5 und 7). Falls die Teilchen in beiden Kometen verschieden groß sind, wäre es ähnlich sonderbar, daß ausgerechnet beide Kometen im Beobachtungsmoment nahezu gleiche Farbe aufweisen. Wir halten es deshalb für möglich, daß Farbe und Polarisationsgrad des Kometenkontinuums im wesentlichen die Eigenschaften des Materials wiedergeben, aus dem die Teilchen aufgebaut sind. Die Teilchen müssen dann größer als wenigstens einige Lichtwellenlängen sein.

b) <u>Große Teilchen, $r \gg \lambda$</u>

Wir wollen annehmen, daß Farbe und Polarisationsgrad des gestreuten Lichtes ähnlich wie bei kompakten Stoffen im wesentlichen die Eigenschaften des Materials, eventuell seiner Oberflächenbeschaffenheit, wiedergeben und höchstens in zweiter Linie von Körpergröße und -form abhängen. Das bedeutet, daß fast alles in das Teilchen eingedrungene Licht in diesem absorbiert werden muß. Dann besteht das Streulicht im Gebiet der Rückwärtsstreuung im wesentlichen aus dem reflektierten Licht; das Licht des Beugungsbildes kann bei großen Teilchen vernachlässigt werden. Völlig durchsichtige Teilchen zeigen auch bei großen Teilchen sehr komplizierte Streufunktionen (z.B. [24]); bei sehr großen Teilchen treten dann die bekannten Nebelbogen- und Regenbogeneffekte auf. Derartige Erscheinungen (schneller Farb- oder Polarisationswechsel) sind bei Kometen nicht angedeutet; außerdem kommen völlig klare Substanzen in der Natur kaum vor. Wir wollen deshalb r e i n e Dielektrika aus den folgenden Betrachtungen ausschließen.

Schon eine oberflächliche Betrachtung der in der Literatur publizierten Messungen von Körperfarben und Polarisationen zeigt, daß es praktisch aussichtslos ist, aus dem sehr dürftigen Beobachtungsmaterial an Kometen irgendwelche tiefergehenden Schlüsse ziehen zu wollen. Wir müssen uns deshalb darauf beschränken, zu zeigen, daß die Annahme großer Teilchen nicht zu offensichtlichen Widersprüchen führt.

Tabelle 3

Farb- und Polarisationsmessungen ausgewählter Objekte

Objekt	E_{U-B} oder $2.5 \log \frac{I_{440}}{I_{366}}$	E_{B-V} oder $2.5 \log \frac{I_{553}}{I_{440}}$	$2.5 \log \frac{I_{610}}{I_{553}}$	P_{90° %	P_{135° %	ϑ_{max}	Literatur Bemerkungen
a) Himmelskörper							
Mond	$0^m.32$	$0^m.29$	$0^m.17$	6 - 8	3 +	80°	[28]
Gebiete auf Mond	-	0.25 ± .05	-	-	3 - 6 +	-	[29], [28]
Merkur	-	0.30	0.19	7	2.5 +	85°	[28]
Mars, feste Oberfl.	(0.44)*)	0.73*)	0.40	-	2 - 3 +	-	[30], [28] *)durch Atmosphäre erniedrigt
Kleine Planeten	0.11 - 0.42	0.07 - 0.32	-	-	-	-	[31], [28]
häufigster Wert	0.28	0.19	-	-	7:*)+	-	*)extrapoliert
Zodiakallicht	-	0.10:	0.03:	35::	-	90°::	[32]
b) Labormessungen							
Meteorite Stein	-	0.05 - 0.64	-	20 ± 10	5 ± 3	45° ±	[33]
Meteorite Eisen				25 ± 5	8 ± 2	45° ±	
Mittel	-	0.15	-	-	-	-	
Klasse III	-	0.28	0.20	-	-	-	[35, S.423]
Typ D (δ = 1.8)	-	0.30	0.13	-	-	-	[35, S.425] linear interpoliert
Geschliffene Meteore	-	-	-	20 ±	10 ±	90°	[36]
Gesteine	-	-	-	6 - 24	2 - 6 +	45°-60°	[37], zitiert nach [28]
Vesuvaschen 0.3 - 4 mm ∅	-	-	-	20 - 27	7 - 8 +	60°	[37], zitiert nach [28]
Sand versch. Art u. Größe	-	-	-	8 ± 6	1 - 4 +	40°- 70°	[38]
Sandwolke	-	-	-	11	5.5 +	80°	[38]
Staubwolken 1 - 10 μm Eisen	-	-	-	18 ± 3	7	90°	[34]
Staubwolken 1 - 10 μm trüber Quarz	-	-	-	17 ± 3	11	100°	[34]
c) Metalle (theoretisch)							λ
Eisen T	0.19	0.16	0.07	41	11	< 90°	440 nm; Polarisation berechnet nach Tab.391111 in [39], Werte T ebenda und Werte Z aus Zeichnung 391112 entnommen
Eisen Z	0.15	0.06	0.04	34	8	"	668 nm
Nickel T	0.31	0.14	0.04	20	-	"	440 nm
Nickel Z	0.24	0.44	0.10	13	-	"	668 nm
Kupfer T	0.33	0.16	0.29	28	5	"	435 nm
Kupfer Z	0.26	0.26	0.34	5	1	"	650 nm
d) Komet (beobachtet, Mittel)							λ
Breitbandphotom.	0.25	0.15	-	23 ± 3	8 ± 2	90°::	400-500 nm
Spektralphotom.	0.35:	0.22	0.54(:)	-	8 - 10:	-	600-800 nm; extrapoliert

Die in der Spalte P_{135° mit + bezeichneten Werte liegen bei einer dünnen Wolke aus Partikeln der entsprechenden Substanz meist höher als angegeben (vgl. [38]). Die Angaben beziehen sich auf rauhe bzw. körnige Oberflächen, bei denen durch Mehrfachreflexion negative Polarisation zwischen etwa 160° und 180° hervorgerufen wird.

Zum Vergleich mit den Beobachtungen stehen uns insbesondere die in Tabelle 3 zusammengefaßten Daten zur Verfügung. Wir erkennen, daß die Farbexzesse E_{U-B} und E_{B-V} der meisten dort angeführten Körper etwa mit denen der Kometen übereinstimmen. Die Übereinstimmung wird im Roten (610 nm) schlechter; keiner der beobachteten Körper besitzt einen so starken Farbexzeß wie die Kometen. Nur der Planet Mars und Kupfer erreichen etwas mehr als die Hälfte des benötigten Farbindex. Es bleibt die Möglichkeit offen, daß die Kometenmessungen hier fehlerhaft sind; es handelt sich nur um jeweils 1 Meßpunkt, der am Ende des Empfindlichkeitsbereiches des Strahlungsempfängers und im Gebiet überlappender Ordnungen des Spektrographen liegt. Sollte sich jedoch die starke Verfärbung der Kometen in diesem Wellenlängenbereich bestätigen, wäre es wohl nicht ganz einfach, ein derartig rotes Material zu finden, dessen Vorkommen in Kometen hinreichend wahrscheinlich ist.

Die Polarisationskurven gestatten gleichfalls keine genaueren Aussagen. Mond, Merkur und Mars besitzen zu niedrige, das Zodiakallicht zu hohe Polarisation. Dagegen ergeben die meisten zitierten Labormessungen an irdischen und außerirdischen Gesteinen oder an Staub Werte der Polarisation, die mit den Beobachtungen etwa im Einklang stehen. Die beste Übereinstimmung - und wohl auch die "sinnvollste" - zeigen die Messungen an Vesuvaschen von LYOT [37] sowie diejenigen an Staubwolken von N. RICHTER [34], obwohl die letzteren den von der Theorie gemachten Aussagen besonders bezüglich der Lage des Maximums der Polarisation zuwiderlaufen (Abb. 8). (Die Ursache

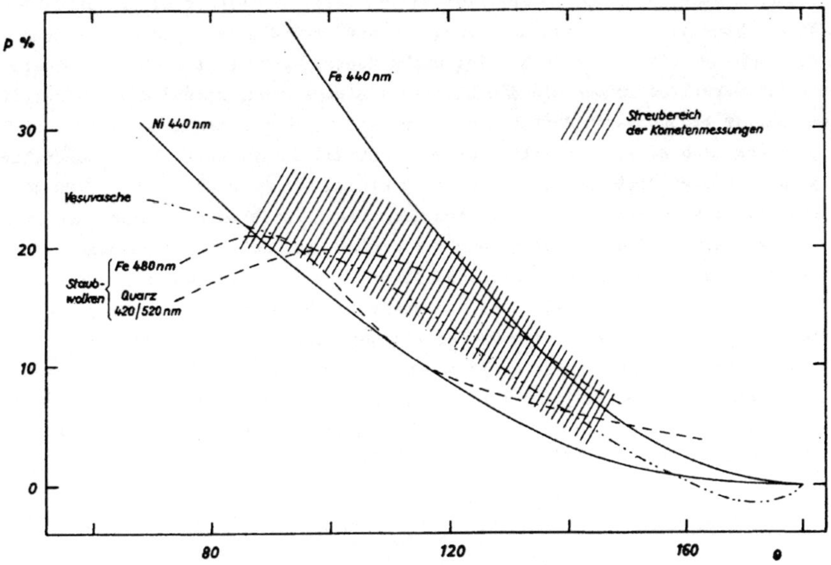

Abb. 8

Vergleich der an Kometen gemessenen Polarisationen mit Labormessungen an absorbierenden Teilchen

dieser letzteren Diskrepanz ist nicht klar und sei hier nicht weiter untersucht; vielleicht liegt ein "Oberflächeneffekt" vor, ähnlich wie er wohl zur Deutung der Differenzen der Messungen an Meteoriten von RICHTER einerseits und KLOVERSTROM und RENSE andererseits herangezogen werden muß. Ein Vergleich der theoretischen mit der praktischen Kurve für Eisen (440 bzw. 480 nm; der Wellenlängenunterschied ist unwesentlich) zeigt, daß die Diskrepanz außerordentlich groß sein kann und detaillierte Vergleiche der Kometenbeobachtungen mit den Labormessungen nicht sinnvoll sind.)

Labormessungen des Polarisationsgrades im Infraroten an Gesteinen sind uns nicht bekannt; die Polarisationsgrade reiner Metalle sind dort stets geringer als im Sichtbaren (Tab. 3c). Der in den Beobachtungen angedeutete schwache Anstieg der Polarisation im Infraroten läßt sich also - falls er reell ist - gleichfalls nur durch ein sehr spezielles Material bzw. eine Materialmischung erklären. Man könnte z.B. an eine Mischung eines Metalls (etwa Fe) mit einem "verschmutzten" Dielektrikum (etwa SiO_2 mit Fe_2O_3 o.ä.) denken, dessen Absorptionsindex im nahen Infraroten relativ schnell ansteigen müßte (z.B. m = 1.50 - 0.05 i bei 500 nm, m = 1.50 - 1.00 i bei 700 nm). Die Polarisation steigt dabei zunächst schnell an (vgl. [23, Abb. 4]), auch die Intensität wird höher, wodurch eventuell auch der hohe Farbexzeß im Roten erklärt werden könnte. Im Sichtbaren könnten durch die Beimischung eines solchen Dielektrikums vielleicht die hohen Polarisationsgrade von reinem Eisen bis auf den beobachteten Wert herabgedrückt werden. (Die Polarisation des Streulichtes nicht zu großer Teilchen aus reinem oder l e i c h t verschmutztem SiO_2 ist im Mittel etwa Null, solange wir außerhalb des Gebietes des "Nebelbogens" bei $\vartheta \approx 160^\circ$ bleiben; vgl. [27, Abb. 2].)

Es hat wohl wenig Sinn, das noch recht dürftige Beobachtungsmaterial gegenwärtig noch tiefergehend diskutieren zu wollen. Die einzige begründete Aussage, die sich aus den bis heute bekannten Daten machen läßt, scheint die Feststellung zu sein, daß wir es mit absorbierenden Teilchen zu tun haben. Über die Größe kann nur gesagt werden, daß die Teilchen sicher größer als etwa 0.1 µm sein müssen; eine obere Grenze ist nicht festzulegen. Es besteht die Möglichkeit, daß alle Teilchen wesentlich größer als die Lichtwellenlänge sind, so daß die Gleichheit der an verschiedenen Kometen beobachteten Farben und Polarisationen durch deren ähnliche stoffliche Zusammensetzung zu erklären wäre. Diese Alternative erscheint uns wesentlich wahrscheinlicher, als daß alle Kometen bevorzugt Teilchen von stets dem gleichen Durchmesser (0.15 - 0.20 µm) besitzen. Allerdings sei nicht verschwiegen, daß eben für solche Teilchen der Strahlungsdruck genau die richtige Größe besitzt, die zur Ausbildung der großen Staubschweife sonnennaher Kometen führen kann (Strahlungsdruck etwa gleich Gravitation). Bei größeren Teilchen ist die Bildung dieser Staubschweife so nicht zu erklären; wir wollen deshalb im nächsten Kapitel untersuchen, welche anderen Kräfte einen solchen Schweif hervorrufen könnten. Dagegen gelingt die Erklärung der "abnormen" Richtung der Schweife sonnenferner Kometen gut mit der Annahme, daß sie aus größeren Teilchen bestehen (10 - 100 µm), auf die der gewöhnliche Strahlungsdruck wirkt [40]. Zusätzliche Kräfte - etwa ein widerstehendes interplanetares Medium - brauchen hier nicht angenommen zu werden.

Teil II

Die Wechselwirkung der Teilchen mit Strahlungsfeld und Plasma

1. Allgemeine Betrachtungen, Strahlungsdruck

Der Lichtdruck P erteilt einem kugelförmigen Teilchen die Beschleunigung

$$b_s = \frac{P}{\frac{4\pi}{3}\varrho r^3} = \frac{3}{4r\varrho c}\left(\frac{R_♁}{R}\right)^2 \int_0^\infty Q_{pr} I_♁ \, d\lambda$$

Hier sind r und ϱ Radius und Dichte des Teilchens, c die Lichtgeschwindigkeit; $I_♁(\lambda)$ bedeutet die Energieverteilung im Sonnenspektrum in der Entfernung $R_♁$ und $r^2\pi\, Q_{pr}(\lambda)$ den Wirkungsquerschnitt für die Übertragung des Impulses von Strahlung der Wellenlänge λ auf das Teilchen. R ist der Abstand des Teilchens von der Sonne. Der Wert von $Q_{pr}(\lambda)$ kann bei bekannter Teilchengröße und bekanntem Brechungsindex aus der MIE'schen Theorie der Lichtstreuung berechnet werden (z.B. [23]). Für die hier interessierenden nicht zu kleinen Teilchen ($\alpha = 2\pi r \lambda^{-1} \gtrsim 1$) ist Q_{pr} von der Größenordnung 1 und nur langsam mit α veränderlich. Wir können für solche Teilchen also schreiben

$$b_s \approx \frac{10^{-4}}{2r\varrho}\left(\frac{R_♁}{R}\right)^2 \; [\mathrm{cm\ sec^{-2}}] \; .$$

Die Wahl der Konstanten ist hier so getroffen, daß für Ni und H_2O Gleichheit von Strahlungsdruckkraft und Gravitationskraft etwa für die bei GIESE [23] angegebenen Teilchenradien erreicht wird.

Nach den Untersuchungen des vorigen Kapitels ist es wahrscheinlich, daß die Atmosphären staubreicher Kometen in relativ großer Menge feste Teilchen enthalten, deren Durchmesser wesentlich größer als die Lichtwellenlänge ist. Zur Bildung der Schweife großer Kometen sind im allgemeinen Beschleunigungen der Größenordnung $1 - \mu = 0.1 \ldots 2$ notwendig ($\widehat{=}\ 0.05 \ldots 1\ \mathrm{cm\ sec^{-2}}$ in 1 AE Sonnenentfernung); diese werden jedoch nur bei kleinen oder sehr leichten Teilchen erreicht. Teilchen, die größer als einige µm sind, können also in einem so gebildeten Staubschweif nicht auftreten, es sei denn, der Schweif besteht im wesentlichen aus den von WHIPPLE aus anderen Gründen vorgeschlagenen "Wattemeteoriten" mit $\varrho < 1$. Soll die Annahme größerer Teilchen haltbar sein, müssen andere Kräfte vorhanden sein, die - zumindest bei großen Teilchen - eine stärkere Wirkung haben. Andererseits darf diese Kraft nicht so beschaffen sein, daß sie alle mittelgroßen Staubteilchen im Sonnensystem beeinflußt, da sonst die im Zodiakallicht vermutete hohe Anzahl von Teilchen mit Durchmessern über 1 µm nicht zu erklären wäre. Die gesuchte Kraft wird also nur in der Nähe des Kometen wirksam sein. Vermutlich handelt es sich um eine Wechselwirkung mit dem Plasma des Kometenkopfes und eventuell mit dem des interplanetaren Raumes. In den folgenden Kapiteln wird deshalb versucht, die Größenordnung der vom Plasma auf ein Staubteilchen übertragenen Kräfte abzuschätzen.

2. Plasmawechselwirkungen

a) Die Aufladung kleiner Staubteilchen bei Bewegung im Plasma

Um abschätzen zu können, welchen Einfluß elektrische und magnetische Felder auf die Bewegung der Staubteilchen haben, muß zunächst überlegt werden, welche Ladung das Teilchen bei seiner Bewegung im Plasma aufnimmt. Das Problem ist schon verschiedentlich behandelt worden [41] - [47]. Da jedoch alle diese Betrachtungen entweder nur orientierenden Charakter haben oder auf andere Probleme zugeschnitten sind, soll diese Frage hier noch einmal ausführlich behandelt werden.

Folgende Prozesse können zur Aufladung eines Teilchens beitragen:

1. Bei gleicher Elektronen- und Ionentemperatur treffen mehr Elektronen als Ionen pro Sekunde auf das Teilchen.
2. Auslösung von Photoelektronen.
3. Auslösung von Sekundärelektronen.

Im Gleichgewicht muß die Änderung der Aufladung pro Zeiteinheit Null sein. Es gilt dann:

$$N_e(1-R_e) = N_i(1-R_i) + N_{es} + N_{is} + N_{ph} \tag{1}$$

bzw.

$$N_e = N_i + (N_{es} + N_e R_e) + (N_{is} - N_i R_i) + N_{ph} \,. \tag{1a}$$

Hier bedeuten

N_e – Zahl der pro Sekunde auftreffenden Elektronen

N_i – Zahl der pro Sekunde auftreffenden Ionen

N_{es} – Zahl der durch Elektronen ausgelösten Sekundärelektronen mit Energien größer als eU

N_{is} – Zahl der durch Ionen und neutrale Atome ausgelösten Sekundärelektronen mit Energien größer als eU

N_{ph} – Zahl der pro Sekunde ausgelösten Photoelektronen mit Energien größer als eU

U – Potential der Teilchenoberfläche (eU – Energie in Elektronenvolt)

R_e, R_i – Reflexionskoeffizienten

Hier ist N_{ph} – außer von der Entfernung von der Sonne und den Materialeigenschaften – nur von U abhängig, die übrigen Größen jedoch außerdem von der Temperatur T des Plasmas und der Geschwindigkeit v des Teilchens relativ zum Plasma. Bei kleinen T und v sind N_{es} und N_{is} vernachlässigbar; das gleiche gilt für R_i und R_e. Wächst die Temperatur des Plasmas auf über 10^5 °K, so wird N_{es} merklich. N_{is} muß berücksichtigt werden, sobald die Energie der Protonen etwa 1 kev überschreitet; dies ist bei den schnellen solaren Korpuskularströmen der Fall.

Die einzelnen Glieder der Formel (1a) seien jetzt diskutiert.

α) Die Zahl der auftreffenden Ionen und Elektronen. Der Stoßquerschnitt eines auf das Potential U aufgeladenen kugelförmigen "Testkörpers" für den Stoß anderer, wesentlich leichterer, geladener Teilchen ist (s. z.B. [43])

$$\sigma = \pi r^2 \left(1 \pm \frac{2eU}{mc_r^2} \right) \qquad (r \ll P) \tag{2}$$

bzw.

$$\sigma = \pi r^2 \qquad (r \gg P)$$

wo P der Radius der "Wirkungssphäre" des Testkörpers ist. Für schwache Aufladung und $v \ll \hat{c}$ ist P der Debye-Länge gleich:

$$P = \lambda_D = 6.90 \cdot \sqrt{\frac{T}{n_e}} \; [\mathrm{cm}] \tag{3}$$

Hier ist e die Ladung des stoßenden Teilchens und c_r seine Geschwindigkeit relativ zum Testkörper vor Eintritt in dessen Wirkungssphäre, ferner steht $\hat{c}$ für $\sqrt{\frac{2kT}{m}}$; n_e ist die Dichte der Elektronen im Plasma. Das positive Vorzeichen in (2) gilt, wenn Körper und stoßendes Teilchen ungleichnamige Ladungen tragen, das negative, wenn die Ladungen gleichnamig sind.

Es sei weiter ϑ der Winkel zwischen v und c_r, dann gilt für die Zahl der pro Sekunde auftreffenden Teilchen:

(4) $$N = 2\pi n \frac{\hat{c}^{-3}}{\pi^{\frac{3}{2}}} \int_{c_{r_0}}^{\infty}\int_{0}^{\pi} e^{-\hat{c}^{-2}(v^2+c_r^2+2\,v\,c_r\cos\vartheta)}\,\sigma\, c_r^3\, dc_r\, \sin\vartheta\, d\vartheta$$

Die Herleitung dieser Formel geschieht auf dem gleichen Wege wie die Ableitung der Stoßgleichung der elementaren kinetischen Gastheorie (z.B. [48]).

Beide Integrationen sind unabhängig. Die Integration über c_r läuft bei ungleichnamiger Ladung von Testkörper und stoßendem Partikel von $c_{r_0} = 0$ bis ∞. Bei gleichnamigen Ladungen ist von $c_{r_0} = \sqrt{\frac{2eU}{m}}$ bis ∞ zu integrieren, da Teilchen mit Energien von $\frac{m}{2}\, c_{r_0} < eU$ den Körper nicht mehr erreichen können.

Die Integration ergibt mit den Abkürzungen

$$\delta = \frac{v}{\hat{c}}, \qquad \gamma = +\sqrt{\frac{|eU|}{kT}}$$

für $r \ll P$:

Bei gleichnamigen Ladungen:

(5a) $$N = nr^2\sqrt{\pi}\, v \cdot \frac{1}{\delta}\left[\frac{e^{-(\gamma+\delta)^2}+e^{-(\gamma-\delta)^2}}{2} - \frac{\gamma}{\delta}\,\frac{e^{-(\gamma+\delta)^2}-e^{-(\gamma-\delta)^2}}{2} + \frac{\sqrt{\pi}}{2}(1+2\delta^2-2\gamma^2)\,\frac{\Phi(\gamma+\delta)-\Phi(\gamma-\delta)}{2\,\delta}\right] = nr^2\sqrt{\pi}\, v\cdot N_g(\gamma,\delta)$$

Bei ungleichnamigen Ladungen:

(5b) $$N = nr^2\sqrt{\pi}\, v \cdot \frac{1}{\delta}\left[e^{-\delta^2} + \frac{\sqrt{\pi}}{2}(1+2\,\delta^2+2\gamma^2)\,\frac{\Phi(\delta)}{\delta}\right] = nr^2\sqrt{\pi}\, v\cdot N_u(\gamma,\delta)$$

Für $r \gg P$ fällt in den Klammern vor den Fehlerintegralen der Summand $\pm\, 2\gamma^2$ weg. N_u wird deshalb unabhängig von γ, während N_g mit γ nicht so schnell abfällt, wie im Falle $r \ll P$.

Für ruhende Testkörper ($\delta \ll 1$) erhalten N_u und N_g folgende einfachen Formen:

(6) $$\left.\begin{aligned} v\,N_g &= 2\,\hat{c}\,e^{-\gamma^2} \\ v\,N_u &= 2\,\hat{c}\,(1+\gamma^2) \end{aligned}\right\}\; r \ll P \qquad \left.\begin{aligned} v\,N_g &= 2\,\hat{c}\,e^{-\gamma^2}(1+\gamma^2) \\ v\,N_u &= 2\,\hat{c} \end{aligned}\right\}\; r \gg P$$

während für $\delta \gg 1$ gilt:

$N_g = \sqrt{\pi}\,, \quad N_u = \sqrt{\pi} \qquad \gamma \ll \delta$

und $N_g = 0, \quad N_u = \sqrt{\pi}\,\frac{\gamma^2}{\delta^2} \qquad \gamma \gg \delta, \quad r \ll P$

$N_g = 0, \quad N_u = \sqrt{\pi} \qquad \gamma \gg \delta, \quad r \gg P$

Eine Darstellung der Funktionen $N_g(\gamma,\delta)$ und $N_u(\gamma,\delta)$ für den Fall $r \ll P$ gibt die Abbildung 9.

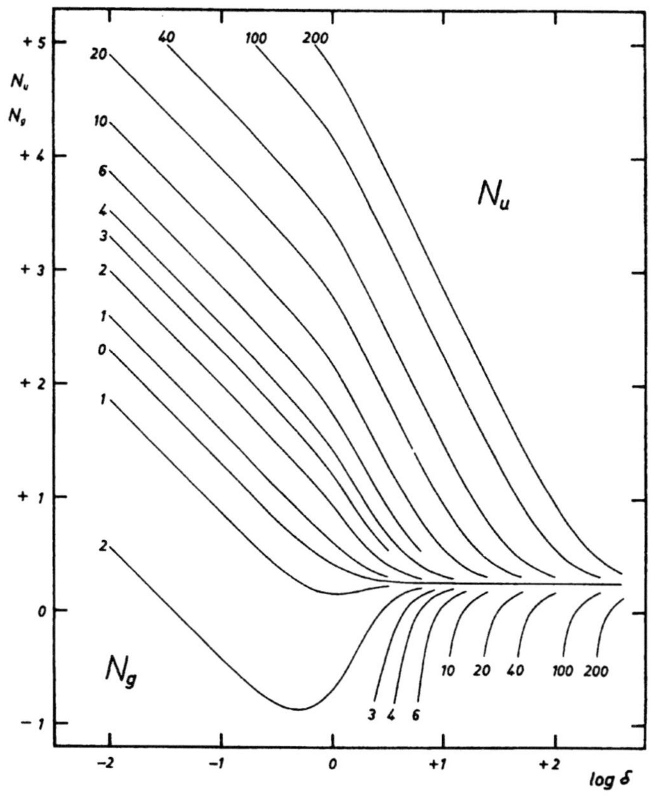

Abb. 9

Die Stoßzahlfunktionen $N_g(\gamma, \delta)$ und $N_u(\gamma, \delta)$; Parameter γ. Oberhalb $\gamma = 0$ liegt N_u, unterhalb N_g

β) <u>Sekundäreffekte.</u> Die Gesamtausbeute an Sekundärelektronen aus Elektronenaufprall ist – für $U \leq 0$ – durch $(N_{es} + N_e R_e) = a \cdot N_e$ gegeben. Werte für die Ausbeute a sowie deren Änderung mit der Einfallsenergie E_p können der Literatur entnommen werden [49] [50]. Die Ausbeutekurve $a(E_p)$ besitzt ein flaches Maximum (a_{max}) bei einer Energie von einigen 100 ev. Für nicht zu große Energien kann man folgenden Ausdruck finden, der die publizierten Daten hinreichend genau (etwa ± 10 %) darstellt:

$$a = a_{max} \left(1 - e^{-4.3 \frac{E_p}{E_{pmax}}} \right) \qquad (E_p \lesssim 2\, E_{pmax}) \tag{7}$$

Für Metalle ist im Mittel $E_{pmax} = 425$ ev, $a_{max} = 1.1$

für Glas (SiO_2) $E_{pmax} = 420$ ev, $a_{max} = 2.5$

Für chemisch nicht reine Stoffe sowie für chemische Verbindungen kann a_{max} Werte bis etwa 10 annehmen, E_{pmax} liegt dann meist auch bei etwas höheren Energien (500 – 1000 ev). Die angeführten Werte gelten für senkrechten Einfall auf eine glatte Oberfläche. Bei rauher Oberfläche sind die Ausbeuten etwas geringer. Für streifenden Einfall auf glatte Oberflächen wird die Ausbeute bei gleicher Einfallsenergie um einen Faktor 2 – 3 höher, auch E_{pmax} steigt an.

Der Beitrag dieses Gliedes zur Gesamtbilanz wird also wesentlich, sobald die Energie der Elektronen in die Größenordnung von 100 ev kommt. Elektronen s e h r hoher Energie (> 1000 ev) kommen in dem von uns untersuchten Temperaturbereich (bis 10^6 °K) nur in sehr geringer Anzahl vor; die Formel (7) kann deshalb unbedenklich bis $E = \infty$ zur analytischen Abschätzung der Zahl der Sekundärelektronen benutzt werden.

Für $U > 0$ ist die Verteilung der Sekundärelektronen über die Energie wesentlich. Für die "echten Sekundärelektronen" stellt nach KOLLATH [49] eine MAXWELLsche Verteilung mit einem Maximum bei etwa $E_o = 2$ eV die Beobachtungsbefunde recht gut dar:

$$n_s(E)\, dE \sim \sqrt{E}\; e^{-\frac{E}{2E_o}}\, dE$$

Für $U \geq 0$ gilt also:

$$N_{es}(U) = N_{es}(0) \int_{eU}^{\infty} n_s(E)\, dE$$

Das Integral ist kleiner als 0.02 für $U > 20$ V; bei höheren positiven Aufladungen ist also die Sekundärelektronenemission zu vernachlässigen. Es verbleiben dann nur die reflektierten und "rückdiffundierten" Primärelektronen, die in vielen Fällen das Teilchen wieder verlassen. Da ihre Zahl relativ gering ist (10 - 20 % bei 50 - 200 ev) und zum Teil durch die Zahl der elastisch reflektierten Ionen $N_i R_i$ kompensiert wird ($R_i \approx 20$ % bei 1000 ev, etwa proportional E_p), können wir sie bei den weiteren Rechnungen vernachlässigen.

Die Ausbeute an Sekundärelektronen durch Ionenaufschlag N_{is} ist bei $E_p < 1$ kev nur von der Art des Ions abhängig, jedoch nicht von E_p; sie liegt für Protonen bei einigen Prozent der Zahl der auftreffenden Teilchen. Bei höheren Energien wird die kinetische Energie des Ions (oder Atoms) wesentlich, und die Ausbeutekurve verläuft ähnlich wie bei den Elektronen (Formel (7)). Für den Aufprall von Protonen gilt etwa

$$a_{max} = 3 \pm, \qquad E_{pmax} = 50 \text{ kev}.$$

Zur Abschätzung des Einflusses von N_{is} auf die Aufladung des Partikels werden wir diese Werte und Formel (7) benutzen. Die oben erwähnte kleine Zahl von Sekundärelektronen bei kleineren Energien kann vernachlässigt werden.

Die Verteilung der ausgelösten Sekundärelektronen über die Energien ist der für E l e k t r o n e n aufprall geltenden ähnlich. Die Sekundärelektronenemission ist also auch hier nur für $U < +20$ V wesentlich.

Wir wollen nun eine Abschätzung der Zahl der Sekundärelektronen geben, die bei Bewegung des Testkörpers durch ein Plasma mit MAXWELLscher Geschwindigkeitsverteilung entstehen. Unter Verwendung der Formeln (7) und (4) kann die Zahl der Sekundärelektronen geschrieben werden als

(8)
$$N_{sec} = a_{max} \cdot 2\pi n \frac{\hat{c}^{-3}}{\pi^{3/2}} \int_{c_{r_o}}^{\infty} \int_{0}^{\pi} e^{-\hat{c}^{-2}(v^2 + c_r^2 + 2 v c_r \cos\vartheta)} \sigma c_r^3 \cdot \left(1 - e^{-4.3 \frac{m c_r^2 \pm 2eU}{2 E_{pmax}}}\right) dc_r \sin\vartheta\, d\vartheta$$

Hier ist $(\frac{m}{2} c_r^2 \pm eU)$ die kinetische Energie der auftreffenden Primärteilchen (Vorzeichen wie bei Gleichung (2)). Die Integrationsgrenzen sind die gleichen wie bei Formel (4) beschrieben.

Die Ausführung der Integration ergibt für $r \ll P$:

Bei gleichnamigen Ladungen

(9a)
$$N_{sec} = a_{max} \cdot n r^2 \sqrt{\pi}\, v \cdot \left[N_g(\gamma,\delta) - \frac{e^{+\gamma^2(\varkappa^2-1)}\, e^{-\frac{\delta^2}{\varkappa^2}(\varkappa^2-1)}}{\varkappa^5} N_g(\varkappa\gamma, \frac{\delta}{\varkappa}) \right]$$

Bei ungleichnamigen Ladungen

(9b)
$$N_{sec} = a_{max} \cdot nr^2\sqrt{\pi}\, v \cdot \left[N_u(\gamma,\delta) - \frac{e^{-\gamma^2(\varkappa^2-1)} - \frac{\delta^2}{\varkappa^2}(\varkappa^2-1)}{\varkappa^5} N_u(\varkappa\gamma, \frac{\delta}{\varkappa}) \right]$$

Hierbei ist

(10)
$$\varkappa^2 = 1 + 4.3 \frac{kT}{E_{p\,max}}$$
gesetzt.

N_g und N_u sind die in (5) dargestellten Ausdrücke. Für $r \gg P$ gelten dieselben Formeln (9); in N_g und N_u ist dabei wieder jeweils das Glied wegzulassen, das die Vergrößerung bzw. Verkleinerung des Stoßquerschnittes bei Aufladung angibt (s. Gleichung (5)).

Im Grenzfalle $\delta \ll 1$ erhalten wir z.B. für gleichnamige Ladungen anstelle von (9a): ($r \ll P$)

$$N_{sec} = a_{max} \cdot nr^2\sqrt{\pi} \cdot 2\hat{c} \cdot \left[e^{-\gamma^2} - \frac{e^{\gamma^2(\varkappa^2-1)}}{\varkappa^4} e^{-\varkappa^2\gamma^2} \right]$$

γ) <u>Die Zahl der Photoelektronen.</u> Die solare UV-Strahlung führt zur Ablösung von Photoelektronen aus der Oberfläche des Testkörpers. Daten über die Ausbeute des Photoeffektes sowie über die Verteilung der Elektronen über die Energien können wieder der Literatur entnommen werden. Im extremen UV ($\lambda <$ 1000 Å) ist die Ausbeute von der Art des Materials weitgehend unabhängig; der "Volumenphotoeffekt" liefert dort Quantenausbeuten in der Größenordnung von 10 %, wobei die Austrittsarbeit etwa 10 ev beträgt [51] - [54]. Wesentlich unübersichtlicher liegen die Verhältnisse im nahen UV, in dem der "Oberflächenphotoeffekt" wirksam ist. Um zu einer größenordnungsmäßigen Abschätzung zu kommen, wollen wir von anomalen Effekten absehen und etwa eine mittlere Ausbeutekurve eines Metalls zugrunde legen [51] [54]. Die Austrittsarbeit sei 5 ev, die Grenzfrequenz liegt also bei 248 nm. Die für die weiteren Rechnungen benutzten, idealisierten Ausbeutekurven zeigt die Abbildung 10. Der Einfluß des Oberflächenphotoeffektes kann für Lichtquantenenergien größer als 10 ev vernachlässigt werden; vorher bringt er einen Beitrag, der jedoch höchstens in die Größenordnung des über alle kürzeren Wellenlängen integrierten Volumenphotoeffektes kommen kann.

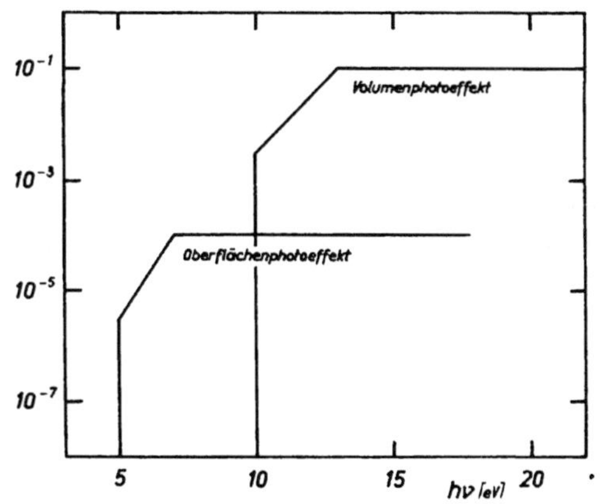

Abb. 10

Die Verteilung der Photoelektronen über die Energien zwischen 0 und $h\nu - e\varphi$ ($e\varphi$ = Austrittsarbeit) befolgt keine einfachen Gesetze. In sehr grober Verallgemeinerung der in der Literatur vorhandenen Daten wollen wir annehmen, daß sich die Elektronen gleichmäßig auf das gesamte zur Verfügung stehende Energieband verteilen. Gegenüber der extremen Annahme, daß alle Elektronen die volle Energie $h\nu - e\varphi$ besitzen, bedeutet dies im Mittel eine Verminderung der Zahl der Elektronen bei einer bestimmten Energie um einen Faktor der Größenordnung 2. Da die Intensität der solaren UV-Strahlung noch um mindestens einen gleichgroßen Faktor unsicher ist, ist die Einbuße an Genauigkeit nicht allzu groß.

Die Intensität der solaren UV-Strahlung kann einer Arbeit von HINTEREGGER [55] entnommen werden, die sich auf die Registrierung dieser Strahlung mit einem photonenzählenden Spektrometer gründet. Für das Röntgengebiet können Messungen von FRIEDMANN [56] herangezogen werden. Der Strahlungsfluß ist hier jedoch stark variabel und zu Zeiten der Sonnenfleckenmaxima wesentlich größer als zu Zeiten der Minima; desgleichen steigt bei Flares die Röntgenstrahlung um Zehnerpotenzen an. Wir wollen hier mit mittleren Daten für die ruhige Sonne rechnen. Solange das Potential des Testkörpers nicht so groß ist, daß eU in die Größenordnung der Energie der Röntgenquanten kommt, spielt diese extrem harte Strahlung überhaupt keine Rolle.

Abbildung 11 zeigt die Anzahl der Photoelektronen $N_{ph}(E)$, die unter diesen Annahmen die Körperoberfläche pro cm^2 und sec mit Energien größer als E verlassen (E in Elektronenvolt):

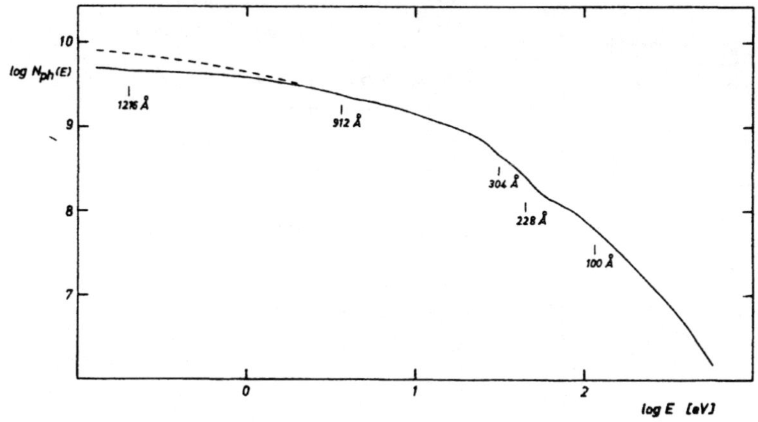

Abb. 11

$$N_{ph}(E) = \int_E^{\infty} n_{ph}(E_i)\, dE_i$$

Hier bedeutet $n_{ph}(E_i)$ die Anzahl der Photoelektronen mit der Energie E_i im Energieintervall 1 ev. Die ausgezogene Kurve gibt die Zahl der Photoelektronen des Volumenphotoeffektes wieder; gestrichelt eingetragen ist die Anzahl der Elektronen bei Mitwirken des Oberflächenphotoeffektes nach Abbildung 10. Die Unregelmäßigkeiten im Kurvenverlauf spiegeln - grob geglättet - die Verteilung der Energie im Sonnenspektrum wider.

δ) <u>Numerische Abschätzung der Aufladung.</u> Gleichung (1) ist, wenn alle anderen Parameter vorgegeben sind (insbesondere n, T, v, N_{ph}), eine Gleichung für $\gamma = \sqrt{\frac{|eU|}{kT}}$ und damit für U. Die Auflösung der Gleichung geschieht im allgemeinen Fall am einfachsten graphisch, da nach den Ausführungen der vorigen Abschnitte doch keine hohe Genauigkeit gefordert werden kann.

Der Charakter der Lösungen sei an Hand der Abbildungen 12 und 13 kurz diskutiert. Die Kurven zeigen, mit der Geschwindigkeit v = 1, 10, 100 und 1000 km sec^{-1} als Parameter, für einige ausgewählte Partikeldichten $n[cm^{-3}]$ die berechnete Aufladung. Dicke Kurven geben die Werte bei vernachlässigbarer Sekundärelektronenemission an, dünne Kurven berücksichtigen diesen Effekt. Abbildung 12 gilt etwa für die im interplanetaren Raum vorkommenden Verhältnisse (Protonen-Elektronen-Plasma), Abbildung 13 zeigt, welche Änderungen bei Änderung der Ionenmasse auftreten (CO^+-Elektronen-Plasma, Kometenkopf). Alle Rechnungen, bei denen der Photoeffekt wesentlich ist ($n \neq \infty$), beziehen sich auf eine Entfernung von 1 AE von der Sonne, für andere Entfernungen R gilt eine für die Dichte n gezeichnete Kurve für die geänderte Dichte $n' = \frac{n}{R^2}$. Alle Kurven gelten für $r \ll P$ sowie für $T_i = T_e$.

Falls N_i, $N_e \gg N_{is}$, N_{es}, N_{ph} ist (also T und v klein, $n = \infty$), so wird das Potential der Körperoberfläche allein durch das Gleichgewicht $N_e = N_i$ bestimmt. Die Aufladung ist negativ und

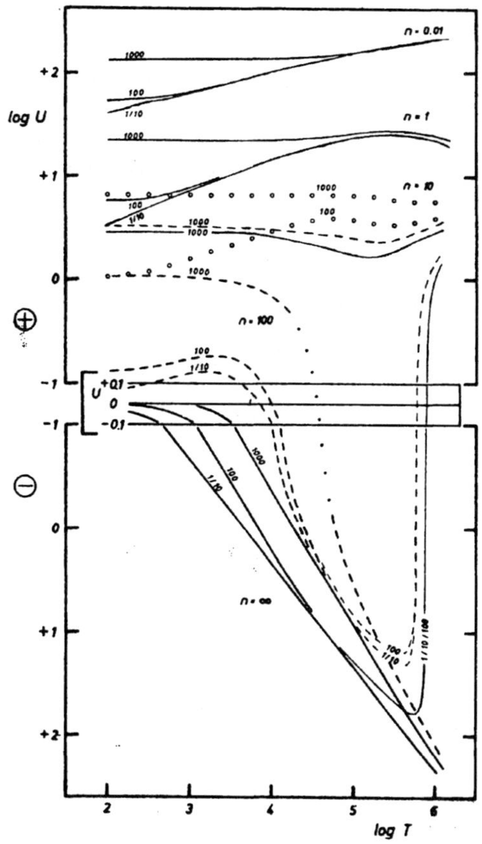

Abb. 12

Aufladung im interplanetaren Plasma

Die Skala für das Oberflächenpotential U ist logarithmisch für $|U| > 0.1$ V, darunter linear.

Ladung nach oben positiv, nach unten negativ.

——— n = 0.01
——— n = 1
o o o n = 10 (mit Sekundärelektronen)
- - - n = 100
——— n = ∞

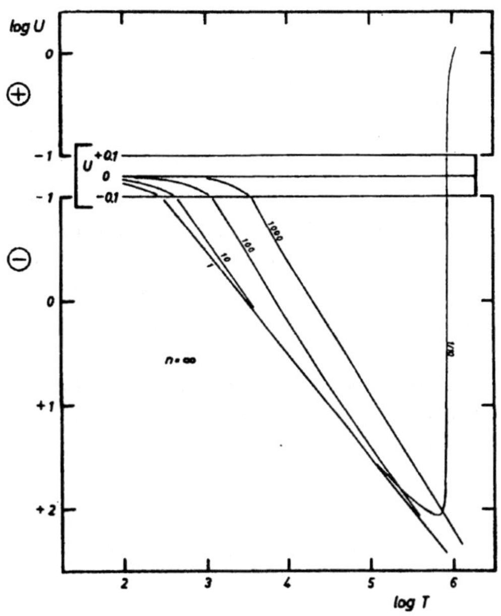

Abb. 13

Aufladung im CO^+-Elektronenplasma,

n = ∞

Zeichen wie Abb. 12

beträgt im Falle δ_i, $\delta_e \ll 1$ für ein Protonen-Elektronen-Plasma $eU = -2.50$ kT, für das CO^+-Elektronen-Plasma $eU = 3.80$ kT. Für $\delta > 1$ nimmt die Aufladung schnell ab und nähert sich dem Werte Null.

Wesentlich anders werden die Verhältnisse, sobald der Photoeffekt wirksam wird. Praktisch ist dies für alle $n < 1000$ der Fall. Das Potential wird mit fallendem n immer weiter ins Positive verschoben; für sehr kleine n wird die Aufladung dann nahezu unabhängig von Temperatur und Geschwindigkeit.

Das plötzliche Umschlagen der (dünnen) Kurven für $n = \infty$ und $n = 100$ bei $T \approx 10^6$ °K wird durch das Einsetzen der Sekundärelektronenemission hervorgerufen. Die Kurven gelten für

$$E_{pmax} = 430 \text{ ev}, \qquad a_{max} = 1.5 \qquad (\text{für } N_{es})$$

Für andere Sekundärelektronenemissionseigenschaften des Materials liegt der Umschlagpunkt natürlich bei einer anderen Temperatur; er kann sich jedoch kaum um mehr als etwa eine halbe Zehnerpotenz nach oben oder unten verschieben. Ähnliches gilt für die Sekundärelektronenemission durch Ionenauffall; sie beginnt ziemlich plötzlich bei $v = 1000$ km sec^{-1} wirksam zu werden. Die Kurven gelten hier für

$$E_{pmax} = 43 \text{ kev}, \qquad a_{max} = 3.0 \qquad (\text{für } N_{is})$$

Alle Kurven sind für $T_i = T_e$ gerechnet. Praktisch geht jedoch in vielen Fällen nur die Elektronentemperatur in das Ergebnis ein, und zwar in den meisten Fällen positiver Aufladung (immer wenn $N_{ph} \gg N_i$ oder $N_{es} \gg N_i$) sowie bei negativer Aufladung im Falle $\delta_i \gtrsim 1$ (bei $T < 10^6$ °K also praktisch für etwa $v \gtrsim 100$ km sec^{-1}, falls $T_i \lesssim T_e$). Liegt der Protonenfluß über dem Elektronenfluß (also $T_i > 1836\ T_e$, so daß $\delta_i < \delta_e$ wird, ferner $\delta_i \lesssim 1$), so wird allerdings das Ergebnis für hohe n völlig umgeworfen, da dann schon ohne Photoeffekt oder Sekundärelektronen die Aufladung positiv wird.

Im interplanetaren Raume liegen die Partikeldichten in der Nähe von $10^{0\pm2}$ cm^{-3} und v bei 1000 km sec^{-1} (Flußdichte $10^{8\pm2}$ $cm^{-2}sec^{-1}$), während $T_e \approx 10^{5\pm1}$ angenommen werden kann. Damit wird die Aufladung etwa + $10^{1\pm1}$ Volt betragen. Negative Aufladungen können höchstens bei extrem hohen Partikeldichten bei gleichzeitig geringer Geschwindigkeit vorkommen (bis etwa -10 Volt).

In Kometenatmosphären ist dagegen $n \gtrsim 10^4$, damit werden die Ladungen negativ. Nur bei sehr hohen Temperaturen, die allerdings nicht a priori ausgeschlossen werden können, wird die Aufladung durch die Sekundärelektronenemission wieder positiv.

Wesentlich höhere Potentiale als etwa ± 100 V können hiernach kaum erwartet werden. Im interplanetaren Raume kann sich ein Teilchen bei extrem starkem Photoeffekt (hohe Röntgenstrahlung) oder sehr kleinem n vielleicht bis + 1000 V aufladen, jedoch erscheint uns dieser Fall recht unwahrscheinlich. Entsprechend könnte bei sehr hoher Flußdichte hochenergetischer Elektronen, wie sie vielleicht nach Flares auftreten, die Ladung stärker negativ werden. Allerdings muß die Flußdichte dieser Elektronen über der Photoelektronenflußdichte liegen [10^9 - 10^{11} $cm^{-2}sec^{-1}$ je nach Material], damit die Aufladung merklich beeinflußt wird; derartig dichte Ströme scheinen aber äußerst selten zu sein (vgl. z.B. die Messungen von GRINGAUZ [57] im äußeren Gürtel der Erde [Fluß max $4 \cdot 10^8$ $cm^{-2}sec^{-1}$] oder die Abschätzungen von OBAYASHI [58]). Die Sekundärelektronenausbeute ist oberhalb von 2 - 3 kev wieder kleiner als 1, so daß von dieser Seite der Aufladung keine Hindernisse im Wege stehen. Wir halten nach dem eben gesagten eine hohe negative Aufladung trotzdem für sehr unwahrscheinlich.

Sollte sich ein Teilchen doch einmal auf derartig hohe Potentiale aufladen, so wird es, wenn es nicht sehr groß ist, im allgemeinen zersprengt werden. Die Grenzspannung, bis zu der

Teilchen des Radius r [cm] aufgeladen werden können, ist nach [41, S. 94] etwa

$$U = 10^8 r \ [\text{Volt}] \qquad \text{(Ni-Fe-Meteorit)}$$
(11)
$$\text{bzw.} \quad U = 10^7 r \qquad \text{(Steinmeteorit)}$$

Eine Ladung von 10 kv kann also selbst von den sehr stabilen Ni-Fe-Teilchen nur getragen werden, wenn sie größer als 10^{-4} cm sind.

In gleicher Weise existiert auch für die Teilchen im Kometenschweif ein unterer Grenzradius, da sie schon während des Durchfliegens der Koma zeitweise eine relativ hohe Ladung haben werden. Es kann angenommen werden, daß jedes Teilchen in der Kometenkoma einmal in ein Gebiet kommt, in dem es die Höchstladung von etwa - 100 V erhält ($T = 10^5 \ldots 10^6$ °K). Für die Größe der Teilchen im Schweife folgt deshalb die Bedingung

$$r > 10^{-6} \text{ cm} \qquad \text{(NiFe)}$$
$$r > 10^{-5} \text{ cm} \qquad \text{(Stein)}$$

b) <u>Mitführungskräfte im Plasma</u>

α) <u>Direkter Stoß.</u> Durch den Aufprall der Elektronen und Ionen des Plasmas auf das Teilchen wird auf dieses ein Impuls übertragen. Die Kraft, die dadurch auf einen n e u t r a l e n Testkörper ausgeübt wird, ist in der Literatur schon mehrfach berechnet worden [59] - [61], [3]. Allgemeine Formeln zur Berechnung der Widerstandsbeiwerte beliebiger Körper bei Bewegung in einem verdünnten Gas, dessen Moleküle eine MAXWELLsche Geschwindigkeitsverteilung besitzen, gab ASHLEY an [60]. Dort können auch explizite Ausdrücke für die Widerstandsbeiwerte von Kugeln und einigen anderen einfachen Körpern gefunden werden. Ein Vergleich der Ergebnisse zeigt, daß die Größenordnung der vom Gasstrom auf das Teilchen ausgeübten Kraft von Form und Oberflächenbeschaffenheit des Teilchens nicht abhängt, wenn nicht sehr spezielle (spitze) Körperformen gewählt werden. Wir wollen uns deshalb auch hier auf die Betrachtung kugelförmiger Testkörper beschränken. Weiterhin seien folgende Voraussetzungen über den Ablauf des einzelnen Stoßprozesses gemacht:

1. Die Reflexion an der Oberfläche des Testkörpers erfolgt diffus. Das auftreffende Molekül gibt also - im Mittel - seinen gesamten Impuls an den Testkörper ab.
2. Das Molekül verläßt nach dem Stoß die Oberfläche mit einer Geschwindigkeit, die merklich unter der Aufprallgeschwindigkeit liegt.
3. Der Einfluß einer eventuellen Verdampfung bzw. "Kathodenzerstäubung" des Testkörpermaterials wird vernachlässigt.

Die erste Annahme ist ziemlich sicher erfüllt, da die meisten Körper im Sinne der obigen Forderung "rauh" sind [62]. Die zweite Annahme hat zur Folge, daß der Einfluß der den Körper verlassenden Moleküle vernachlässigt werden kann. Anderenfalls müßte die Verteilung der auftreffenden Ionen und Elektronen über die Testkörperoberfläche genau untersucht werden; der Aufwand erscheint jedoch nicht gerechtfertigt, da der Fehler im Höchstfall nur einen Faktor 2 betragen kann. Zudem kann angenommen werden, daß die Staubteilchen eine wesentlich geringere Temperatur besitzen ($\approx 300°$ bei 1 AE) als das umgebende Plasma ($10^4 - 10^6$ °). Da die aufgetroffenen Moleküle etwa mit einer der Oberflächentemperatur entsprechenden thermischen Geschwindigkeit reemittiert werden (vgl. [60]), ist damit außer bei sehr niedrigen Plasmatemperaturen automatisch die Annahme 2 erfüllt.

Zu Punkt 3 ist zu bemerken, daß bis zu Auffallenergien von etwa 100 ev praktisch keine Kathodenzerstäubung erfolgt (s. z.B. [63] [64]). Bei Energien von einigen kev, wie sie z.B. Protonen des Sonnenwindes haben können (1000 km sec^{-1} ≙ 5.22 kev), beträgt die Ausbeute wahrscheinlich 10^{-1} - 10^{-2} Atome pro stoßendes Proton [65]; diese verlassen das Teilchen mit Geschwindigkeiten zwischen 1 und 10 km sec^{-1} [65] [66]. Der zusätzlich auf das Teilchen übertragene Impuls kann also vernachlässigt werden.

Den Ausdruck für die auf den Testkörper wirkende Kraft F erhalten wir aus dem Stoßzahlansatz (4) durch Multiplikation des Integranden mit $mc_r \cos\vartheta$:

$$F = \frac{2mn}{\hat{c}^3\sqrt{\pi}} \int_{c_{r_0}}^{\infty}\int_0^{\pi} e^{-\hat{c}^{-2}(v^2 + c_r^2 + 2vc_r\cos\vartheta)}\,\sigma\, c_r^4 \cos\vartheta \sin\vartheta \, dc_r\, d\vartheta \tag{12}$$

Für die Integrationsgrenzen gilt das zu Formel (4) gesagte. Wir erhalten mit den dort eingeführten Abkürzungen δ und γ für $r \ll P$:

Bei gleichnamigen Ladungen:

$$\begin{aligned} F = -\sqrt{\pi}\, nmr^2v^2 \Big[& \frac{e^{-(\gamma+\delta)^2} + e^{-(\gamma-\delta)^2}}{2}\left(\frac{1}{\delta} + \frac{1}{2\delta^3}\right) - \\ & - \frac{\gamma}{\delta}\,\frac{e^{-(\gamma+\delta)^2} - e^{-(\gamma-\delta)^2}}{2}\left(\frac{1}{\delta} - \frac{1}{2\delta^3}\right) + \\ & + \frac{\sqrt{\pi}}{2}\,\frac{\phi(\gamma+\delta) - \phi(\gamma-\delta)}{2}\left(2 + \frac{2-2\gamma^2}{\delta^2} - \frac{1-2\gamma^2}{2\delta^4}\right)\Big] = \\ = -\sqrt{\pi}\, & nmr^2v^2 \cdot F_g(\gamma,\delta) \end{aligned} \tag{13a}$$

Bei ungleichnamigen Ladungen:

$$\begin{aligned} F \doteq -\sqrt{\pi}\, nmr^2v^2 \Big[& e^{-\delta^2}\left(\frac{1}{\delta} + \frac{1+2\gamma^2}{2\delta^3}\right) + \\ & + \frac{\sqrt{\pi}}{2}\,\phi(\delta)\left(2 + \frac{2+2\gamma^2}{\delta^2} - \frac{1+2\gamma^2}{2\delta^4}\right)\Big] = \\ = -\sqrt{\pi}\, & nmr^2v^2 \cdot F_u(\gamma,\delta) \end{aligned} \tag{13b}$$

Für $r \gg P$ gilt bei gleichnamigen Ladungen

$$\begin{aligned} F = -\sqrt{\pi}\, nmr^2v^2 \Big[& \frac{e^{-(\gamma+\delta)^2} + e^{-(\gamma-\delta)^2}}{2}\left(\frac{1}{\delta} + \frac{1+2\gamma^2}{2\delta^3}\right) - \\ & - \frac{\gamma}{\delta}\,\frac{e^{-(\gamma+\delta)^2} - e^{-(\gamma-\delta)^2}}{2}\left(\frac{1}{\delta} - \frac{1}{2\delta^3}\right) + \\ & + \frac{\sqrt{\pi}}{2}\,\frac{\phi(\gamma+\delta) - \phi(\gamma-\delta)}{2}\left(2 + \frac{2}{\delta^2} - \frac{1}{2\delta^4}\right)\Big], \end{aligned} \tag{14a}$$

sowie

$$F = -\sqrt{\pi}\, nmr^2 v^2 \cdot F_u(0,\delta) \tag{14b}$$

bei ungleichnamigen Ladungen. Der letzte Ausdruck gibt auch gleichzeitig den Widerstandswert für neutrale Testkörper an. Er ist identisch mit dem von ASHLEY gefundenen Wert.

Für hohe Geschwindigkeiten ($\delta \gg 1$) gelten folgende einfachen Beziehungen:

(15) $$F_g = N_g\,, \qquad F_u = N_u\,,$$

also $F = N \cdot mv$,

während wir für $\delta \ll 1$ finden: ($r \ll P$)

(16) $$v^2 F_g = \frac{v\hat{c}}{3}\,(8 - 4\gamma^2 + o(\gamma^2))$$
$$v^2 F_u = \frac{v\hat{c}}{3}\,(8 + 4\gamma^2)$$

(Der Ausdruck für $v^2 F_g$ läßt eine einfache Darstellung nicht zu.)

Eine Darstellung der Funktionen $F_g(\gamma,\delta)$ und $F_u(\gamma,\delta)$ gibt die Abbildung 14. Parameter der Kurven ist wieder der Wert γ (vgl. Abbildung 9).

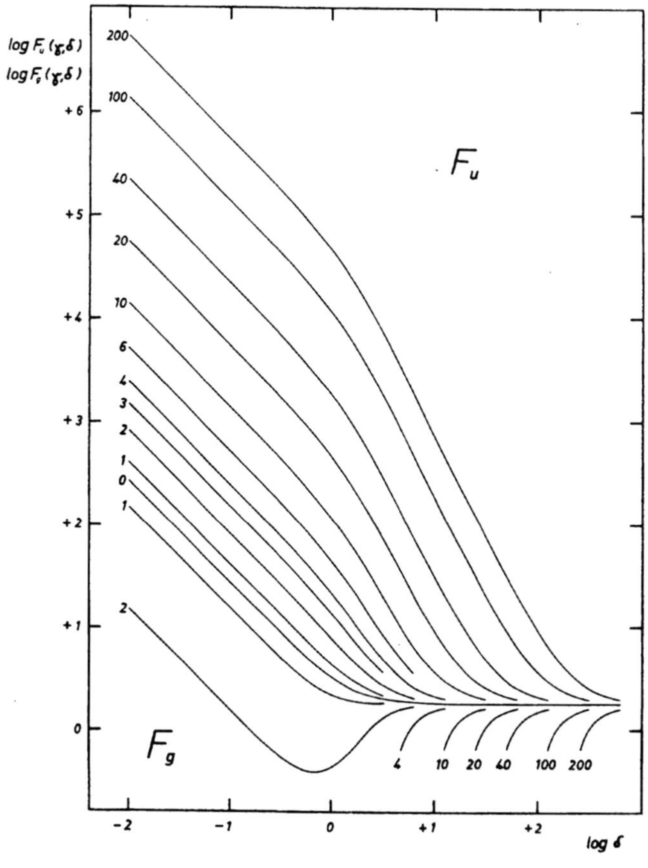

Abb. 14

Die Fokussierung der Ionen und Elektronen auf den Testkörper kann also ein Anwachsen - bzw. Absinken - der Kräfte um mehrere Größenordnungen zur Folge haben. Trotzdem hat das Ergebnis mehr akademisches als praktisches Interesse, da sich im nächsten Abschnitt zeigen wird, daß die von den nahe vorbeifliegenden Plasmateilchen auf den Körper übertragenen Kräfte die Wirkung dieser direkten Fokussierung noch übertreffen.

β) <u>COULOMB-Kräfte.</u> Jeder Ladungsträger des Plasmas, der in der Nähe eines geladenen Testkörpers vorbeifliegt, wird in seiner Bewegung gestört. Dadurch findet ein Impulsaustausch statt, der der Bewegung des Testkörpers relativ zum Plasma als Ganzes entgegenwirkt. In der Theorie dieser Wechselwirkung bestanden bis vor kurzem noch Unklarheiten [67] - [71], [45], die erst jetzt durch eine Arbeit von VALENTINI [72] zum großen Teil beseitigt werden konnten. Wir wollen die von ihm vorgeschlagene Näherungsformel mit dem bei SPITZER [67] angegebenen, im wesentlichen von CHANDRASEKHAR abgeleiteten Ausdruck vereinigen und schreiben die Kraftwirkung auf den Testkörper als

$$F_c = - 4\pi n \frac{e^4 Z^2 Z_1^2}{m} \frac{\delta^2 G(\delta)}{v^2} \ln\left(1 + \frac{p^2}{p_o^2}\right) \tag{17}$$

wo

$$G(\delta) = \frac{\Phi(\delta) - \delta\,\Phi'(\delta)}{2\delta^2}$$

bedeutet.

Für $\delta \ll 1$ gilt

$$\delta^2 G(\delta) = \frac{2}{3\sqrt{\pi}}\,\delta^3 \tag{18a}$$

während für $\delta \gg 1$

$$\delta^2 G(\delta) = 0{,}5 \tag{18b}$$

wird.

eZ und eZ_1 sind hier die Ladungen von Testkörper und Plasmateilchen; m die Masse der Plasmateilchen, n ihre Anzahl pro Raumeinheit. p_o bedeutet den Stoßparameter, für den die Ablenkung des stoßenden Teilchens 90° beträgt. Es gilt (s. SPITZER)

$$p_o = \frac{ZZ_1 e^2}{m\,c_r^2} \quad \text{bzw.} \quad \frac{1}{p_o} = \frac{m\,c_r^2}{ZZ_1 e^2} \tag{19a}$$

Ist die Geschwindigkeit c_r nicht für alle Teilchen gleich, also $\delta \lesssim 1$, so muß für c_r^2 ein Mittelwert eingesetzt werden. Man wählt am einfachsten [67] [72]

$$\overline{c_r^2} = \frac{3kT}{m}$$

da es wegen der langsamen Veränderung des Logarithmus auf den genauen Wert nicht ankommt. Wir haben also:

$$\overline{\frac{1}{p_o}} = \frac{3kT}{ZZ_1 e^2} \quad (\delta \ll 1)\,, \qquad \overline{\frac{1}{p_o}} = \frac{mv^2}{ZZ_1 e^2} \quad (\delta \gg 1) \tag{19b}$$

Im folgenden wollen wir statt $\overline{\frac{1}{p_o}}$ wieder $\frac{1}{p_o}$ schreiben, jedoch stets darunter die Ausdrücke (19b) verstehen.

Der Zähler des Bruches unter dem Logarithmus in der Formel (17) ist der maximale Stoßparameter, also etwa die Entfernung, bis zu der das Feld des Testkörpers - näherungsweise ungeschwächt - wirkt; in größeren Entfernungen wird dieses Feld durch das Plasma abgeschirmt. Bei SPITZER ist

$$p^2 = \lambda_D^2 = \frac{kT}{4n\pi e^2}$$

gesetzt, jedoch wies insbesondere CHOPRA [45] darauf hin, daß bei schneller Bewegung des Testkörpers der Abschirmradius wesentlich größer sein muß. λ_D ist hier die (eindimensionale) Abschirmdistanz bei ruhendem Testkörper. VALENTINI gibt den Wert

(20) $$P^2 \approx 4\pi^2 \lambda_D^2 (1 + 2\delta^2)$$

an. Die Ableitung dieses Wertes für P ist der für unser Problem wesentlichste Punkt der Arbeit von VALENTINI, hier bestand bis dahin völlige Unklarheit. Da die VALENTINIsche Arbeit jedoch erst nach Abschluß unserer Untersuchung bekannt wurde, sind die im nächsten Abschnitt besprochenen numerischen Berechnungen der Mitführungskräfte noch mit einem etwas anderen Wert durchgeführt worden, der auf Grund von Näherungsbetrachtungen abgeleitet worden war:

(21) $$P^2 \approx 3\lambda_D^2 (1 + \delta^2) \quad \text{(Einkomponentenplasma)}$$

Für sehr hohe Aufladungen und in den Grenzfällen sehr kleiner T oder hoher n geht P in den Wert

(22) $$P^3 = \frac{3Z}{4\pi n}$$

über. Es ist stets der größere der beiden Werte (20) und (22) zu benutzen.

Glücklicherweise kommt es auf den genauen Wert der Abschirmdistanz nicht an, da er nur logarithmisch in das Ergebnis eingeht. Unsere Rechnungen wurden deshalb nicht noch einmal durchgeführt; bei Verwendung des VALENTINIschen Wertes anstelle (21) wird die Mitführungskraft etwa 10 bis 50 % höher als unten abgeschätzt.

Ein interessanter Grenzfall der Formel (17) sei noch angeführt. Es sei $\frac{P}{P_o} \ll 1$, also etwa v oder T sehr klein oder Z sehr groß. Dann gilt:

$$\ln\left(1 + \frac{P^2}{P_o^2}\right) = \frac{P^2}{P_o^2}$$

und folglich mit (19a)

(23) $$F_c = - 4\pi nm \frac{\overline{c_r^2}^2}{v^2} \delta^2 G(\delta) P^2$$

Im Falle $\delta \gg 1$ folgt

(24a) $$F_c = - 2\pi P^2 nmv^2$$

während $\delta \ll 1$ mit $\overline{c_r^2} = \frac{3kT}{m}$ ergibt

(24b) $$F_c = - 6\sqrt{\pi} P^2 nmv\hat{c}$$

Für neutrale Teilchen war (Gl. 14b, 15, 16)

$$F = - \pi r^2 \cdot nmv^2 \qquad \delta \gg 1$$

$$F = - \frac{8}{3}\sqrt{\pi} r^2 \cdot nmv\hat{c} \qquad \delta \ll 1$$

Im diskutierten Grenzfall besitzt also der Testkörper etwa den Wirkungsquerschnitt $2\pi P^2$; dies ist der maximal für ein geladenes Teilchen überhaupt erreichbare Querschnitt. In diesem Falle erfolgt effektiv eine elastische Reflexion (völlige Umlenkung) der Teilchen am Testkörperfeld, daraus folgt auch der Faktor 2 gegenüber dem Querschnitt πr^2 für neutrale Teilchen. Obwohl also die Formel (17) zunächst nur für $\frac{P}{P_o} \gg 1$ abgeleitet ist (vgl. z.B. [67], [72]), liefert sie auch für $\frac{P}{P_o} \ll 1$ noch sinnvolle Ergebnisse und wir wollen sie deshalb uneingeschränkt verwenden.

In einem Plasma, dessen Teilchen alle 1 Elementarladung tragen, erfährt also ein auf das Potential U [Volt] aufgeladener Testkörper durch Teilchen des Molekulargewichts μ die Beschleunigung

$$b_c = - \frac{10.65}{\mu} \frac{\delta^2 G(\delta)}{v^2} \frac{U^2 n}{\varrho r} \log\left(\frac{P^2}{p_o^2} + 1\right)$$

(25)

$$= - B(v,T,\mu) \frac{n}{\varrho r} U^2 \log\left(\frac{P^2}{p_o^2} + 1\right) \qquad [\mathrm{cm\ sec^{-2}}]$$

(v, ϱ, r, n in cgs-Einheiten). Der von der Größe der Aufladung unabhängige Faktor $B(v,T,\mu)$ ist in Tabelle 4 für einige ausgewählte Werte der drei Parameter tabuliert.

Zahlenmäßige Abschätzungen

Mit Formel (25) wurden nun unter Verwendung der im vorigen Abschnitt bestimmten Ladungen der Staubpartikel die bei verschiedenen Geschwindigkeiten und Plasmatemperaturen wirkenden Kräfte berechnet. Wegen der Abhängigkeit von p_o von Z (in schwächerem Maße auch P von Z) müssen die Rechnungen nicht nur für jedes Wertepaar n und T, sondern außerdem für jeden Teilchenradius (wegen Z ~ Ur) getrennt durchgeführt werden.

Tabelle 4

Die Widerstandskoeffizienten B (v,T,μ) $[\mathrm{g\ cm^2 sec^{-2} Volt^{-2}}]$

T [°K]	μ	v [cm sec^{-1}]			
		10^5	10^6	10^7	10^8
10^2	El	4.4^{-12}	4.4^{-11}	8.9^{-11}	9.7^{-13}
	Pr	1.3^{-10}	5.3^{-12}	5.3^{-14}	5.3^{-16}
	28	1.9^{-11}	1.9^{-13}	1.9^{-15}	1.9^{-17}
10^3	El	1.4^{-13}	1.4^{-12}	1.2^{-11}	9.7^{-13}
	Pr	5.5^{-12}	5.3^{-12}	5.3^{-14}	5.3^{-16}
	28	1.3^{-11}	1.9^{-13}	1.9^{-15}	1.9^{-17}
10^4	El	4.4^{-15}	4.4^{-14}	4.4^{-13}	8.9^{-13}
	Pr	1.7^{-13}	1.3^{-12}	5.3^{-14}	5.3^{-16}
	28	9.0^{-13}	1.9^{-13}	1.9^{-15}	1.9^{-17}
10^5	El	1.4^{-16}	1.4^{-15}	1.4^{-14}	1.2^{-13}
	Pr	5.5^{-15}	5.5^{-14}	5.3^{-14}	5.3^{-16}
	28	3.1^{-14}	1.3^{-13}	1.9^{-15}	1.9^{-17}
10^6	El	4.4^{-18}	4.4^{-17}	4.4^{-16}	4.4^{-15}
	Pr	1.7^{-16}	1.7^{-15}	1.3^{-14}	5.3^{-16}
	28	9.9^{-16}	9.0^{-15}	1.9^{-15}	1.9^{-17}

Die Zahlendarstellung a^{-b} bedeutet $a \cdot 10^{-b}$.

Für grobe Abschätzungen genügt es zu wissen, daß der Wert des Logarithmus in (25) für die Verhältnisse des interplanetaren Raumes ($n = 10^{-2} - 10^{4}$ cm^{-3}, $v = 10^{7} - 10^{8}$ cm sec^{-1}) bei etwa 15 ± 5, für die Verhältnisse im Kometenkopf ($n = 10^{4} - 10^{9}$ cm^{-3}, $v = 10^{5} - 10^{6}$ cm sec^{-1}) bei etwa 8 ± 7 liegt (die kleineren Werte treten bei hohen Dichten auf). Die Angaben gelten für einen Teilchenradius von $r = 10^{-3}$ cm; es gilt $\log (P^2/P_o^2) = \text{const} - 2 \log r$. Die Bedingung $\frac{P}{P_o} \gg 1$ für die Anwendung dieser Mittelwerte des Logarithmus ist normalerweise erfüllt. Bei sehr hoher Aufladung wird stellenweise $\frac{P}{P_o} < 1$; zur Abschätzung können dann die Gleichungen (24a - b) dienen. Bei sehr hohen Dichten und großen Teilchen (hohe Z) sowie bei sehr tiefen Temperaturen versagen die hier verwandten Näherungen wegen $r \not< P$; diese Fälle sind jedoch für uns von geringem Interesse. Mit diesen Angaben können wir leicht einen Vergleich der Größenordnungen der in neutralen und ionisierten Gasen auftretenden Kräfte durchführen. Zunächst zeigt sich, daß der direkte Stoß bei hohen Geschwindigkeiten - und in geringerem Maße bei hohen Temperaturen - am wirksamsten ist, während die elektrische Mitführung im Plasma umgekehrt bei mäßigen Geschwindigkeiten und tiefen Temperaturen am stärksten erfolgt. Weiterhin sehen wir, daß bei der Plasmamitführung bei $v = 10^{5} - 10^{6}$ cm sec^{-1} (genauer: $\delta < 1$) meist die schweren Ionen, bei $v \geq 10^{8}$ cm sec^{-1} ($\hat{=}\ \delta > 1$) ausschließlich die Elektronen die Kräfte bestimmen, während beim direkten Stoß stets die schwersten Ionen maßgebend sind.

Wir wollen jetzt abschätzen, welche Dichten notwendig sind, um mit Hilfe der Plasmamitführung Beschleunigungen der Größenordnung 1 cm sec^{-2} zu erhalten.

Für den Kometenkopf ergibt Tabelle 4 $B \approx 10^{-11} - 10^{-15}$ ($T = 10^{3} - 10^{6}$ °K, $v = 10^{5} - 10^{6}$ cm sec^{-1}), also muß

$$U^2 \frac{n}{\varrho r} \log \left(\frac{P^2}{P_o^2} + 1\right) \gtrapprox 10^{11} - 10^{15}$$

sein, damit $b > 1$ wird. Mit $U = 10$ V, $\varrho = 1$, $\log (\ ) = 10$ folgt

$$\frac{n}{r} > 10^{8} - 10^{12}$$

also z.B. für $r = 10^{-3}$ cm $n > 10^{5} - 10^{9}$ cm^{-3}. Diese Dichten können nach unseren heutigen Kenntnissen ohne weiteres vorkommen, wir können also mit einer merklichen Mitführung leichter Staubteilchen im Plasmastrom rechnen. Eine detaillierte Rechnung soll deshalb unten noch durchgeführt werden.

Im interplanetaren Raume bewirkt bei $v = 10^{8}$ cm sec^{-1} der direkte Stoß eine Beschleunigung der Größenordnung $b = 10^{-8} \frac{n}{\varrho r}$. Etwa derselbe Wert wird für die wahrscheinlichsten Zustandsgrößen des interplanetaren Gases durch COULOMBwechselwirkung erreicht: Für $T = 10^{5} - 10^{6}$ °K, $v = 10^{7} - 10^{8}$ cm sec^{-1} liefert Tabelle 4 $B \approx 5 \cdot 10^{-14} (\pm)$, so daß mit $U = 10^{2}$ V (etwa das Maximum nach Abbildung 12) gleichfalls etwa $b = 10^{-8} \frac{n}{\varrho r}$ folgt. Bei unwahrscheinlich tiefen Temperaturen und $v = 10^{7}$ cm sec^{-1} ist die Mitführung durch Elektronen zwar noch besser, jedoch wird auch hier in allen möglichen Kombinationen von U und n ($n < 10^{4}$) ein Wert von $b = \frac{10^{-7}}{\varrho r}$ nicht überschritten.

Die Beschleunigung durch das interplanetare Gas liegt demnach normalerweise unterhalb der Beschleunigung durch den Strahlungsdruck ($b \approx \frac{10^{-4}}{\varrho r}$) und braucht nur in extremen Fällen berücksichtigt zu werden. Eine gute Mitführung kann einmal bei hoher Dichte ($n \geq 10^{4}$ cm^{-3}) stattfinden, zum anderen hat auch eine abnorm hohe Aufladung denselben Effekt. Für eine Ladung von $U = 1000$ V ist die umstehende Tabelle 5 gerechnet, die die Beschleunigung von Teilchen mit dem Radius $r = 10^{-1}$ und 10^{-3} cm im interplanetaren Plasma angibt (Einheit: 1 cm sec^{-2}). Die Tabelle

Tabelle 5

Beschleunigung b_c [cm sec^{-2}] kugelförmiger Staubteilchen bei U = 1000 V, ϱ = 1 g cm^{-3} durch Protonen und Elektronen des interplanetaren Plasmas

		Protonen				Elektronen				
	n	10^0		10^2		10^0		10^2		[cm^{-3}]
T	r \ v	10^7	10^8	10^7	10^8	10^7	10^8	10^7	10^8	[cm sec^{-1}]
10^2	10^{-1}	2.9^{-6}	5.7^{-8}	2.2^{-4}	4.6^{-6}	3.6^{-5}	4.0^{-5}	1.7^{-4}	2.1^{-3}	
	10^{-3}	4.6^{-4}	7.8^{-6}	3.6^{-2}	6.7^{-4}	1.9^{-1}	7.9^{-3}	4.4^{0}	6.0^{-1}	
10^3	10^{-1}	2.9^{-6}	5.7^{-8}	2.2^{-4}	4.6^{-6}	5.5^{-5}	4.0^{-5}	3.8^{-4}	2.1^{-3}	
	10^{-3}	4.9^{-4}	7.8^{-6}	3.8^{-2}	6.7^{-4}	4.6^{-2}	7.9^{-3}	2.3^{0}	6.0^{-1}	
10^4	10^{-1}	3.3^{-6}	5.7^{-8}	2.2^{-4}	4.6^{-6}	1.3^{-5}	3.7^{-5}	4.5^{-4}	1.9^{-3}	
	10^{-3}	5.5^{-4}	7.8^{-6}	4.3^{-2}	6.7^{-4}	3.1^{-3}	7.3^{-3}	2.2^{-1}	5.5^{-1}	
10^5	10^{-1}	3.8^{-6}	5.9^{-8}	2.7^{-4}	4.9^{-6}	8.3^{-7}	6.9^{-6}	5.5^{-5}	4.6^{-4}	
	10^{-3}	5.9^{-4}	8.0^{-6}	4.9^{-2}	7.0^{-4}	1.4^{-4}	1.2^{-3}	1.1^{-2}	9.2^{-2}	
10^6	10^{-1}	1.2^{-6}	6.4^{-8}	8.8^{-5}	5.4^{-6}	3.8^{-8}	4.0^{-7}	2.9^{-6}	3.1^{-5}	
	10^{-3}	1.7^{-4}	8.6^{-6}	1.4^{-2}	7.5^{-4}	5.6^{-6}	5.7^{-5}	4.7^{-4}	4.8^{-3}	
[°K]	[cm]									

Die Zahlendarstellung a^{-b} bedeutet $a \cdot 10^{-b}$.

kann nach kleineren r - soweit sinnvoll - grob nach der zweiten Gleichung (27) extrapoliert werden (s.u.); nach größeren r werden die Beschleunigungen bei der Elektronenmitführung schneller kleiner, jedoch interessieren diese Werte wegen ihrer Kleinheit hier nicht.

Bei tiefen Temperaturen und hier wieder besonders bei kleinen Geschwindigkeiten kann die Mitführung im gegebenen Beispiel recht merkbar werden. Schon bei n = 10^0 cm^{-3}, T = 10^4 °K, r = 10^{-4} cm wird $b \approx 4 \cdot 10^{-2}$ cm sec^{-2} und erreicht damit fast ein Zehntel der Sonnenattraktion in Erdentfernung. Bei tieferer Temperatur oder höherer Dichte kann leicht auch für größere Teilchen etwa 1 cm sec^{-2} erreicht werden. Falls also solche niedrigen Temperaturen vorkommen, ist eine Mitführung von Teilchen von 10^{-3} - 10^{-5} cm im Plasma möglich. Voraussetzung ist allerdings gleichzeitig eine hohe Aufladung.

Es erscheint nicht sinnvoll, noch wesentlich höhere Aufladungen in Betracht zu ziehen, da diese nach der vorangegangenen Diskussion (s. S. 27) doch recht unwahrscheinlich sind. Außerdem wird die Mitführung bei Erhöhung der Ladung nur noch wenig besser, da bald die Grenze erreicht ist, an der $p_0 \gg P$ wird; dann muß Gleichung (23) benutzt werden, die von Z nur noch sehr schwach abhängt. Es gilt dann, mit Gl. (22)

$$b_c \sim n^{\frac{1}{3}} U^{\frac{2}{3}} r^{-\frac{7}{3}} \cdot \frac{mv^2}{\varrho} \tag{26}$$

Die maximal überhaupt erreichbare Beschleunigung $b_{c max}$ ist für einen gegebenen Radius durch (25) und (11) bestimmt. Sie steigt mit wachsendem Radius zunächst an (prop. r), sinkt später aber, für $P \ll p_0$, schnell ab (prop. $r^{-5/3}$). Die höchsten Beschleunigungen treten bei tiefen Temperaturen auf; zur Bestimmung des Maximalwertes der Beschleunigung schreiben wir deshalb (25) für $\delta \gg 1$ und nicht zu kleine Teilchen (etwa $> 10^{-3}$ cm, dann kann Gl. (22) verwendet werden) sowie unter Benutzung der Gleichung (11) (Steinmeteorite) in folgende Form um:

$$b_{c max} = 7 \cdot 10^{-3} \cdot \varrho^{-1} \, m^{-\frac{1}{4}} \, n^{\frac{3}{4}} \, v^{-\frac{1}{2}} \left(\frac{P}{p_0}\right)^{-\frac{3}{4}} \log\left(1 + \frac{P^2}{p_0^2}\right)$$

Das Maximum liegt bei $\frac{P}{p_0} \approx 3.2$ und beträgt etwa

$$\text{Max}(b_{c max}) = 3 \cdot 10^{-3} \cdot \varrho^{-1} \, m^{-\frac{1}{4}} \, n^{\frac{3}{4}} \, v^{-\frac{1}{2}}$$

(cgs-Einheiten). Bei $\varrho = 1$ g cm^{-3}, n = 1 cm^{-3}, v = 10^7 cm sec^{-1} folgt

für Elektronen $\quad$ Max ($b_{c max}$) = $6 \cdot 10^0$ cm sec^{-1}

für Protonen $\quad$ Max ($b_{c max}$) = $9 \cdot 10^{-1}$cm sec^{-1}

Diese Werte werden bei Teilchengrößen von etwa r = $1.3 \cdot 10^{-3}$ cm (Elektronen) bzw. 0.4 cm (Protonen) erreicht (U = 13 kV bzw. 4 MV). Höhere Beschleunigungen kann das interplanetare Gas bei n = 1 cm^{-3} auf Teilchen der vorgegebenen Festigkeit (Steinmeteorite) durch COULOMBkräfte nicht übertragen.

Wir ziehen aus unseren Abschätzungen den Schluß, daß der Wert

$$b = 1 \text{ cm sec}^{-2}$$

im interplanetaren Raume vielleicht in sehr seltenen Fällen für Teilchen der Größenordnung 10^{-5} bis 10^0 cm erreicht werden kann, daß jedoch so hohe Beschleunigungen auf keinen Fall als die Regel angesehen werden dürfen. Die Mitführung durch das Plasma des interplanetaren Raumes kann also höchstens in Extremfällen an der Bildung der Staubschweife der Kometen beteiligt sein.

Wir wollen deshalb jetzt zum Kometenkopf zurückkehren, wo nach unseren Abschätzungen stärkere Kräfte zu erwarten sind.

Zunächst sei auch hier die Wirkung eines Plasmas diskutiert, in dem $T_i = T_e$ ist. Da ferner nur bei relativ hohen Dichten hohe Beschleunigungen zu erwarten sind, wollen wir unsere Betrachtungen nur für derartige Verhältnisse durchführen. Die Aufladung der Teilchen ist dann unabhängig vom Photoemissionsstrom und nur abhängig von der Plasmatemperatur; die Ergebnisse werden dadurch besonders übersichtlich. Wir wollen weiterhin hier nur die Wechselwirkung mit einem CO^+-Elektronenplasma untersuchen; beim Protonen-Elektronen-Plasma ist bei hohen Temperaturen die Wechselwirkungskraft etwa eine Zehnerpotenz geringer.

In den Abbildungen 15 und 16 sind die Ergebnisse der Rechnungen dargestellt, und zwar für ein Teilchen vom Radius r = 10^{-3} cm und der Dichte $\varrho = 1$ g cm^{-3}. Wir betrachten zunächst die Kurvenschar mit dem Parameter $b_c = 10^{-3}, \ldots, 10^2$. Diese Kurven geben die Kombinationen (n, T) an, bei denen das Teilchen durch COULOMB-Wechselwirkung (Gl.25) die an die Kurve angeschriebene Beschleunigung [cm sec^{-2}] erfährt. Da die Ladung des Teilchens entsprechend den Rechnungen des Abschnitts 2a ($T_i = T_e$, n = ∞) mit der Plasmatemperatur zunächst ansteigt, steigt auch die Mitführungskraft. Das Maximum wird in der Nähe von $3 \cdot 10^5$ °K erreicht; oberhalb sinkt die Mitführung wegen des Ladungsabfalls durch Sekundärelektronenemission wieder ab. Jenseits der Nullstel-

Abb. 15

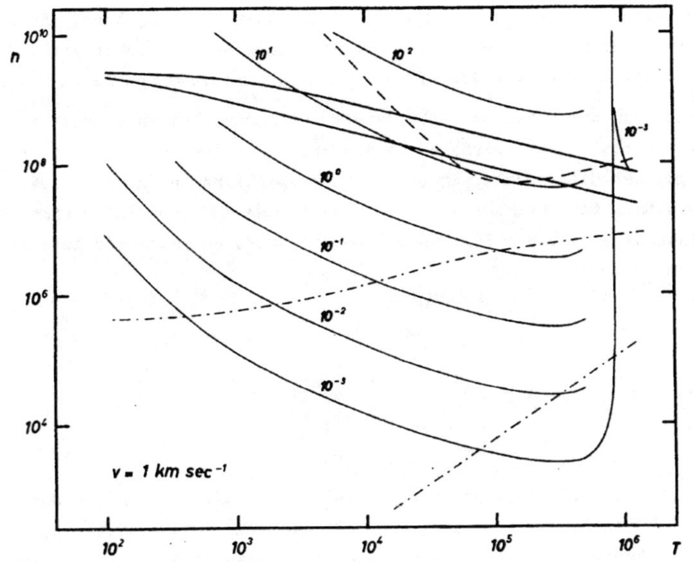

Abb. 16

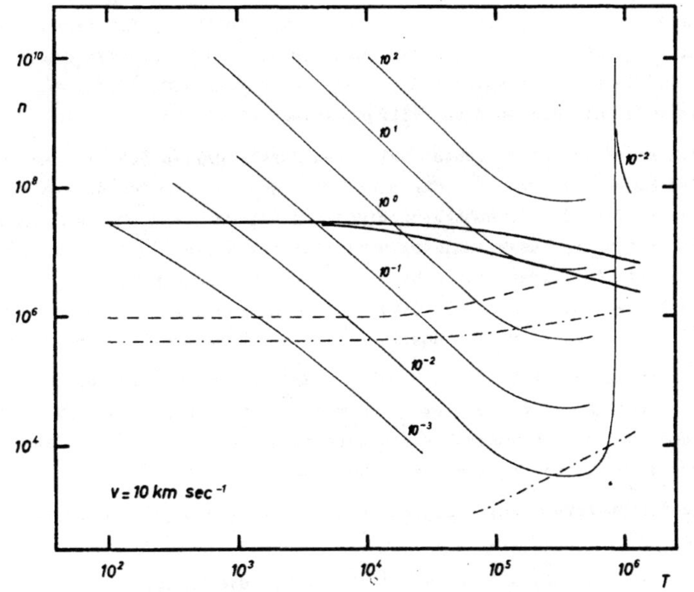

le bei $T \approx 9 \cdot 10^5$ °K ist die Aufladung nur noch schwach positiv und merkliche Beschleunigungen können durch elektrische Kräfte nicht mehr auftreten. Ohne den Einfluß der Sekundärelektronen würde die Ladung der Partikel weiter steigen und die Kurven in den Abbildungen würden etwa parallel zu den für neutrale Teilchen gültigen weiterlaufen.

Die Größe der Beschleunigung wird fast stets durch die Ionen bestimmt; nur bei $v = 10$ km sec^{-1}, $T < 10^4$ °K, wird die Impulsübertragung durch Elektronen wesentlich. Es ist also auch nur die Ionentemperatur unmittelbar für die Wechselwirkung maßgebend; die Elektronentemperatur spielt jedoch insofern eine Rolle, als sie die Größe der Aufladung mitbestimmt. Falls $T_i \neq T_e$ ist, können die gezeigten Kurven deshalb nur noch zur groben Orientierung dienen.

Die genäherte Umrechnung der Werte der Abbildungen auf andere Teilchenradien r oder die Extrapolation auf andere Dichten n ist einfach. Da die Aufladung der Partikel, wie erwähnt, von n nicht mehr abhängt, ist die Beschleunigung b etwa proportional n (der Einfluß des nur langsam variablen Logarithmus ist vernachlässigt). In derselben Näherung ist b umgekehrt proportional zu r. Berücksichtigen wir den Einfluß des Logarithmus, so haben wir in nächster Näherung

$$b \sim n^{1-\alpha}$$
(27)
$$b \sim r^{-(1+2\alpha)}$$

mit $\alpha \approx 0.08$ im Bereich $n = 10^4 \dots 10^{10}\ cm^{-3}$,
$T = 10^3 \dots 10^6\ {}^oK$
$r = 10^{-1} \dots 10^{-5}\ cm$

Zum Vergleich mit dieser Mitführung mäßig stark geladener Teilchen sind in den Abbildungen noch einige weitere Kurven eingezeichnet. Sie gelten sämtlich für den Parameter $b_c = 1\ cm\ sec^{-2}$. Zunächst geben die beiden kräftigen, nach rechts leicht fallenden Kurven die Beschleunigung der Teilchen durch direkten Aufprall der Ionen an (Gl.13b); die obere gilt für $\gamma = 0$, die untere für $\gamma \approx 1.95$ entsprechend der Gleichgewichtsladung ohne Berücksichtigung der Sekundärelektronenemission. Dieser Anteil liegt für $v = 10^5\ cm\ sec^{-1}$ etwa von $10^3 - 10^6\ {}^oK$ unter dem Beitrag der COULOMBkräfte, für $v = 10^6\ cm\ sec^{-1}$ entsprechend zwischen $2 \cdot 10^4$ und $10^6\ {}^oK$; er spielt dort also keine Rolle, während er außerhalb dieses Intervalls praktisch allein maßgebend ist.

Die beiden strichpunktierten, nach rechts steigenden Kurven gelten für eine angenommene Aufladung von U = 1000 V (unabhängig von T); die obere gibt den Beitrag des direkten Stoßes (Gl.13b), die untere den Einfluß der COULOMB-Wechselwirkung (Gl.25) ($r = 10^{-3}$ cm). Die gestrichelte Kurve schließlich zeigt die Beschleunigung eines Teilchens von $r = 10^{-1}$ cm, U = 1000 V durch COULOMB-Wechselwirkung. Bei diesen hohen Ladungen ist eine Umrechnung der für $r = 10^{-3}$ cm gültigen übrigen Kurven auf größere r nach Gl. (27) nicht mehr möglich; die Beschleunigung fällt - besonders bei tiefen Temperaturen - viel schneller ab ($\frac{P}{P_o} \ll 1$). Nach kleineren Radien kann jedoch Gl. (27) verwendet werden. Man beachte, daß bei dem Radius $r = 10^{-1}$ cm auch Gl. (13) nicht mehr gilt, da auch $P \ngtr r$ wird ($P = 2.6 \cdot 10^{-1}$ cm für $n = 10^{10}$), so daß also die für $r = 10^{-3}$ cm gezeigten Kurven auch hier nicht proportional r^{-1} umgerechnet werden dürfen. Die tatsächliche Beschleunigung liegt in der Nähe der "neutralen" Werte nach Gl. (14b).

Für die im Kometenkopf zu erwartenden Temperaturen und Dichten ergeben sich folgende Verhältnisse:

1. Bei Temperaturen zwischen etwa 10^4 und $10^6\ {}^oK$ liegt die Beschleunigung geladener Teilchen durch die Ionen eines Plasmas meist wesentlich über derjenigen, die durch die neutralen Atome bzw. Moleküle desselben Plasmas bewirkt wird. Beträgt der Ionisationsgrad also mehr als etwa 10 %, so werden die Staubteilchen nur durch die Ionen beeinflußt.

2. Liegt die Teilchendichte höher als $10^6\ cm^{-3}$, so können kleine Staubpartikel in kurzer Zeit hohe Geschwindigkeiten erreichen. Bei $r = 10^{-4}$ cm, $\rho = 1\ g\ cm^{-3}$, $n = 10^6 cm^{-3}$, $v = 10\ km\ sec^{-1}$ sowie $T = 10^5\ {}^oK$ ist z.B. $b \approx 10\ cm\ sec^{-2}$, so daß also nach 10^4 sec die Geschwindigkeit 1 km sec^{-1} erreicht ist. Die gleiche Beschleunigung erfährt unter denselben Bedingungen auch ein Nickelteilchen von 0.2 µm Radius, wie es bisher etwa zur Erklärung der Staubschweife herangezogen wurde.

3. Liegt die Teilchenladung wesentlich über dem "Gleichgewichtswert" (also z.B. $T_e \gg T_i$), so kann die Mitführung ganz erheblich verbessert werden. Das eben betrachtete Teilchen erfährt z.B. bei U = 1000 V eine Beschleunigung von etwa $7 \cdot 10^3$ cm sec^{-2}, erreicht also bereits nach etwa 15 sec die Geschwindigkeit 1 km sec^{-1}.

Die soeben angeführten Zahlen berechtigen unserer Meinung nach zu der Schlußfolgerung, daß im Kometenkopf die Ionen einen starken Einfluß auf die Bewegung der Staubteilchen haben. Insbesondere in den innersten Komagebieten, in denen zumindest bei großen Kometen Dichten über 10^6 Ionen cm^{-3} zu erwarten sind [73], können mit Sicherheit Teilchen bis zu Radien von mehreren µm auf einige km sec^{-1} beschleunigt werden. Die Teilchen tragen wegen der hohen Dichte hier ziemlich sicher die Gleichgewichtsladung. Voraussetzung für das Funktionieren des Mechanismus ist, daß die neutralen Gase keine größeren Impulse als die Ionen auf die Staubteilchen übertragen. Da jedoch die Geschwindigkeit der Ionen mit 1 - 10 km sec^{-1} wahrscheinlich meist wesentlich über derjenigen der neutralen Atome liegt [74], [75] und zudem der Ionisationsgrad wohl mindestens 1 % beträgt [73], kann diese Bedingung als erfüllt betrachtet werden. Die Verweilzeit in diesem Gebiet (Ausdehnung 10^3 - 10^4 km) ist hinreichend groß für eine wirksame Beschleunigung. Es können prinzipiell auch mehrere, durch dasselbe Gebiet laufende Plasmakompressionszonen (Enveloppen) an der Beschleunigung beteiligt sein; jedoch ist es ebenso denkbar, daß die Beschleunigung durch eine einzige Verdichtungszone hinreicht, eine Staubwolke aus dem Kometenkopf auszustoßen.

Derselbe Beschleunigungsmechanismus wirkt auch in den äußeren Gebieten der Koma und im Ansatz der Schweifstrahlen, jedoch entsprechend der geringeren Dichte wesentlich weniger effektiv. Eine Störung durch neutrale Teilchen braucht hier noch weniger befürchtet zu werden. Besonders wirksam dürften wegen ihrer hohen Ionendichte bei gleichzeitig großer für die Beschleunigung verfügbarer Weglänge die Schweifstrahlansätze sein ($n \gtrsim 10^4$ cm^{-3} bis etwa 10^6 km Entfernung vom Kern [76], Beschleunigung im Mittel etwa 10^{-1} cm sec^{-2} für $r = 10^{-3}$ cm). Selbst ein sehr wenig effektiver Mechanismus kann hier gute Wirkungen erzielen, besonders falls die Staubteilchen in Richtung des Strahles beschleunigt werden und deshalb erst spät seitlich aus ihm heraustreten. Auch hier könnten normalerweise mehrere, nacheinander dasselbe Gebiet passierende Schweifstrahlen an der Beschleunigung beteiligt sein.

Die Möglichkeit, daß die Teilchen in den äußeren Komagebieten höhere Ladungen tragen und deshalb wirksamer mitgeführt werden, ist nicht von der Hand zu weisen; sie erscheint jedoch noch unwahrscheinlicher als im interplanetaren Raume.

γ) <u>Magnetische Kräfte.</u> Ein geladenes, kugelförmiges Teilchen (Radius r, Dichte ϱ) führt in einem Magnetfeld (Induktion B) eine Kreisbewegung mit dem Radius

$$L = 3.765 \cdot 10^{13} \frac{v_\perp}{B} \frac{\varrho r^2}{U} \quad [cm] \tag{28}$$

aus (B in Gauß, U in Volt, v, ϱ, r in cgs-Einheiten). Hier ist $v_\perp$ die Geschwindigkeitskomponente des Teilchens senkrecht zu den Kraftlinien des Feldes, U sein Oberflächenpotential.

Ist L klein, so wird das Teilchen mit dem Magnetfeld mitgeführt (senkrecht zu den Kraftlinien). Ist L größer als das magnetisierte Gebiet, so läuft das Teilchen aus diesem Gebiet heraus; es erhält dabei im Grenzfall sehr großen L nur einen Geschwindigkeitszuwachs senkrecht zur Bewegungsrichtung des Magnetfeldes. Für die Beschleunigung gilt dann:

$$b_m = \frac{v_\perp^2}{L} = 2.656 \cdot 10^{-14} \frac{UBv_\perp}{\varrho r^2} \quad [cm\ sec^{-2}] \tag{29}$$

(Einheiten wie in (28)).

Tabelle 6

Größe der Beschleunigung im Magnetfeld

für $U = 10^2$ V, $B = 10^{-4}$ Gauß, $\varrho = 2.6$ g cm^{-3}

sowie Vergleich

mit Strahlungsdruck und elektrischen Kräften

$v_\perp$ [cm sec^{-1}]	r [cm]	b_m [cm sec^{-2}]	b_s [cm sec^{-2}]	n_e [cm^{-3}] für $b_c = b_m$
10^5	10^{-3}	10^{-5}	$2 \cdot 10^{-2}$	10^2
	10^{-5}	10^{-1}	$2 \cdot 10^0$	10^4
10^7	10^{-3}	10^{-3}	$2 \cdot 10^{-2}$	10^3
	10^{-5}	10^1	$2 \cdot 10^0$	10^5

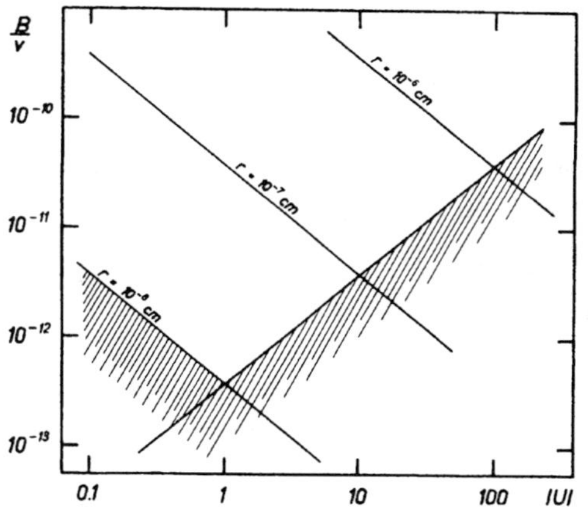

Abb. 17

Tabelle 6 gibt einen Vergleich der Größenordnungen der magnetischen und elektrischen Kräfte sowie des Strahlungsdruckes für Staubteilchen, deren Oberflächenpotential U = 100 V beträgt. Die COULOMB-Wechselwirkung ist hierbei mit der zu etwa 100 V gehörigen Temperatur, $T = 5 \cdot 10^5$ °K, gerechnet. Wir sehen, daß im interplanetaren Raume ($v_\perp \approx 10^7$) die magnetischen Kräfte (b_m) bei kleinen Teilchen eventuell dieselbe Größe wie der Strahlungsdruck (b_s) erreichen können; die elektrischen Kräfte (b_c) sind kleiner (da $n_e < 10^3$). Im Kometenkopf ist wegen der höheren Dichte ($n_e > 10^4$) dagegen nur die COULOMB-Wechselwirkung maßgebend, nur in der äußersten Koma wird auch der Strahlungsdruck merkbar.

Die Richtung der Beschleunigung b_m steht auf der Bewegungsrichtung der Plasmawolken relativ zum Kometen senkrecht. Sie steht also etwa senkrecht auf der Richtung des Ionenschweifes und bewirkt deshalb im wesentlichen eine Verbreiterung des Staubschweifes; eventuell könnte eine - bisher nicht beobachtete - Asymmetrie des Schweifes relativ zur Bahnebene die Folge sein. An der Ausbildung eines Schweifes an sich hat sie keinen Anteil.

Für extrem leichte Teilchen wird der LARMORradius so klein, daß eine Mitführung im Magnetfeld stattfinden kann. Abbildung 17 zeigt, für welche Teilchenradien bei vorgegebenem $\frac{B}{v}$ [Gauß/cm sec^{-1}] und U [Volt] der LARMORradius die Größe 10^{10} cm erreicht ($\approx 10^{-3}$ AE, etwa die Größe gröberer Strukturen im Kometenschweif). In den schraffierten Teilen des Diagramms verlieren die Rechnungen ihren Sinn: Teilchen kleiner als 10^{-8} cm enthalten nur mehr etwa 1 Atom, Teilchen im rechten unteren Gebiete zerplatzen durch die elektrostatischen Abstoßungskräfte während der Aufladung ((11), Werte für Ni-Fe-Teilchen). Langsame interplanetare Plasmawolken, die optimal vielleicht den Wert $\frac{B}{v_\perp} = 10^{-10}$ erreichen können ($B \approx 10^{-3}$ Gauß, $v \approx 10^7$ cm sec^{-1}), vermögen also bei hoher Aufladung Körper bis zu einigen 10^{-6} cm mitzuführen. Größere Teilchen werden jedoch, wie oben beschrieben, nur noch etwa senkrecht zum Radiusvektor beschleunigt. Wir wollen deshalb bei der Diskussion der Schweifbildung die magnetischen Effekte völlig beiseite lassen.

Teil III

Die Bildung und die Form der Staubschweife

1. Die Schweifform

Im Zusammenhang mit der oben gezogenen Folgerung, daß die Staubteilchen im interplanetaren Raume nur sehr kleine Beschleunigungen erfahren, jedoch den Kometenkopf mit hohen Geschwindigkeiten verlassen können, taucht die Frage auf, ob die beobachtete Form der Schweife durch den Flug derartiger Teilchen erklärt werden kann. Während also in der klassischen Theorie der Kometenschweife oft angenommen wurde, daß die Teilchen den Kometenkopf mit der mittleren Geschwindigkeit Null (räumlich vektoriell gemittelt) verlassen und danach einer von der Sonne ausgehenden, zeitlich unveränderlichen Repulsionskraft unterliegen, muß jetzt angenommen werden, daß die Teilchen eine hohe Anfangsgeschwindigkeit in einer Vorzugsrichtung erhalten. Nach Austritt aus dem Kometenkopf braucht nur die gewöhnliche Sonnenattraktion zu wirken; auf leichte Teilchen kann natürlich außerdem der Strahlungsdruck Einfluß haben.

Die Richtung des Teilchenausstoßes muß nach den oben ausgeführten Überlegungen etwa mit der Richtung des Ionenschweifes zusammenfallen, da die mittlere Bewegungsrichtung der schnelleren Ionen schon im Kometenkopf etwa mit der Richtung des späteren Ionenschweifes zusammenfallen dürfte. Sie bleibt damit im allgemeinen einige Grad hinter dem Radiusvektor zurück. Die Streuung der Richtungen wird nicht sehr groß sein, dagegen kann man ein großes Geschwindigkeitsspektrum erwarten, da die Endgeschwindigkeit je nach Teilchengröße, Aufladung und Verweilzeit im Ionenstrom ganz verschieden ausfallen kann. Die Maximalgeschwindigkeit kann die Austrittsgeschwindigkeit der Schweifionen natürlich nicht übertreffen.

Eine gewisse Stütze für diese Vorstellung, nach der die Staubteilchen in den äußeren Komagebieten in geringerer Menge vorkommen als im Zentrum, in dem sie noch nicht vom Ionenstrom erfaßt wurden, geben die Messungen des Helligkeitsverlaufes in der Koma. So ist zum Beispiel bei den Kometen 1956 h (unveröffentlichte eigene Messungen) und 1959 k [78] die kontinuierliche Strahlung der Staubpartikel wesentlich stärker zum Kern konzentriert als die Strahlung neutraler Moleküle (etwa CN, λ = 388 nm). Auch das Auftreten von "Staubenveloppen", das kürzlich von WURM [77] mitgeteilt wurde, sowie die von BELTON u.a. [40] erwähnte Tatsache, daß Staub- und Ionenschweif des Kometen 1957 d in Kopfnähe dieselbe Richtung besitzen, spricht für die Richtigkeit unserer Vorstellungen über die Bewegung der Staubpartikel.

Wir wollen nun am Beispiel des Kometen Mrkos 1957 d untersuchen, welche Form der Schweif unter den genannten Voraussetzungen erhalten wird. Um die Diskussion nicht ins Uferlose anwachsen zu lassen, beschränken wir uns auf die Untersuchung des Schweifes von 14. und 15. August 1957 (Aufnahmen von McCLURE und FARRELL [79]).

Die Berechnung der Bahnen der Schweifteilchen wurde mit den exakten Methoden der Bahnrechnung im Sonnensystem durchgeführt. Falls kein Lichtdruck wirkt, sind die Bahnen der Staubteilchen nach dem Perihel meist Hyperbeln um die Sonne; vor dem Perihel sind jedoch Ellipsen die Regel. Die Rechnungen zeigen, daß die Teilchen in einem mit dem Kometen fest verbundenen, sich nicht drehenden Koordinatensystem in erster Näherung die der Anfangsgeschwindigkeit entsprechende gleichförmig gradlinige Bewegung beibehalten. Erst in größeren Entfernungen vom Kern ($s = \sqrt{\xi^2 + \eta^2} > 0.05$ AE) oder nach längeren Flugzeiten ($> 10^d$) wird diese Näherung schnell schlecht. Die Entfernung eines Teilchens vom Kern beträgt also etwa (Beobachtungsmoment t, Ausstoßmoment t_1, Ausstoßgeschwindigkeit g):

$$s = g\,(t - t_1)$$

Dabei liegen alle Teilchen, die den Kern gleichzeitig in gleicher Richtung verlassen, nahezu auf einer Geraden (Synchrone), die um den Winkel

$$\varphi = (180^\circ - G) + (v - v_1)$$

gegen den Radiusvektor geschwenkt ist. (v und v_1 sind die wahren Anomalien des Kometen zum Beobachtungszeitpunkt und zum Zeitpunkt des Partikelausstoßes, G die Ausstoßrichtung, bezogen auf die Richtung zur Sonne.)

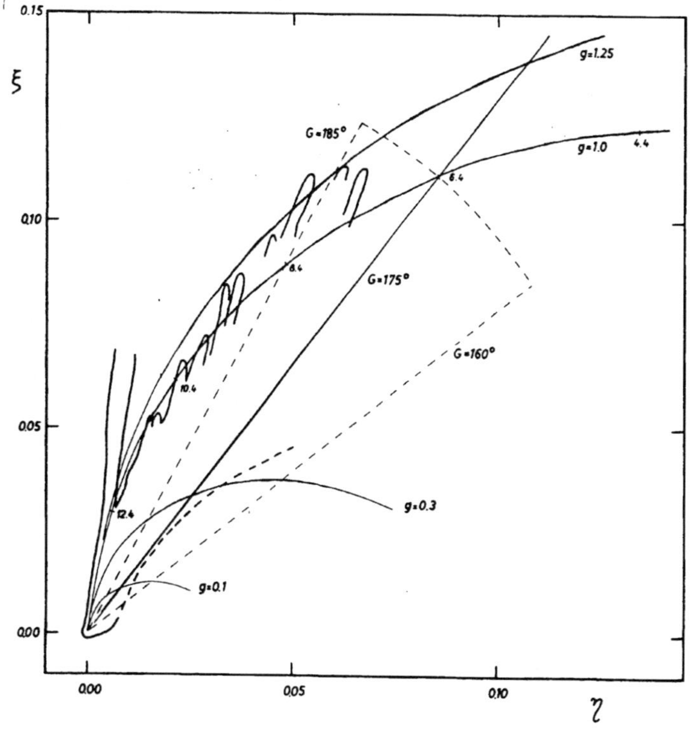

Abb. 18

Synchronen und Syndynamen bei Teilchenausstoß in Richtung G = 175°, ohne Wirkung von Repulsionskräften. Vergleich mit Kometen Mrkos 1957 d vom 14. Aug. 1957

Die Abbildung 18 illustriert die Verhältnisse für den Kometen Mrkos am 14. August 1957. Sie zeigt dick ausgezogen die äußeren Begrenzungen des als ebenes Gebilde angesehenen Schweifes in der Bahnebene des Kometen. Der gerade Ionenschweif folgt in einem Winkel von etwa 7° - 8° dem Radiusvektor; die obere Begrenzung des Staubschweifes wird von den Endpunkten bänderförmiger Strukturen gebildet, die untere ist strukturlos diffus und deshalb schwer festlegbar (vgl. [79]).

Die vier vom Kern ausgehenden Kurven der Abbildung stellen die Syndynamen für Teilchen dar, die den Kern unter dem Winkel G = 175° mit den Geschwindigkeiten g = 0.1, 0.3, 1.0 und 1.25 (AE/58^d.132) verlassen haben. (Eigentlich wäre G ≈ 172° vorzuziehen gewesen. Für die Diskussion des Prinzips der Schweifbildung ist diese Differenz unwesentlich.) An die Kurve für g = 1.0 sind die Ausstoßdaten der Teilchen angeschrieben (12.4 lies 1957 Aug 12.4320, usw.). Die Gerade durch den Punkt vom 6. August stellt die für dieses Ausstoßdatum gültige Synchrone dar. Die gestrichelten Geraden sind die für das gleiche Datum gültigen Synchronen für die Ausstoßwinkel G = 185° und G = 160°; der gestrichelte Bogen gibt den Ort aller in diesen Sektor mit der Geschwindigkeit g = 1 am 6. August ausgestoßenen Teilchen ("Winkelsynchrone").

Wir sehen, daß sich die äußere Form des Schweifes darstellen läßt, wenn die Richtungsstreuung der Austrittsgeschwindigkeiten klein ($< \pm 10^{\circ}$), die Streuung der Beträge der Geschwindigkeiten jedoch groß ist. Die größte Austrittsgeschwindigkeit muß etwa 40 km sec^{-1} betragen, wenn die Obergrenze der Bänderstrukturen dargestellt werden soll, und etwa 15 - 20 km sec^{-1}, damit die untere Grenze dieser Strukturen erreicht wird. Die innere (rechte) Begrenzung des Schweifes ist im allgemeinen diffus. Der Helligkeitsabfall in dieser Richtung ist durch die Verringerung der Teilchendichte auf den älteren Synchronen gegeben, außerdem natürlich durch den Verlauf des Partikelausstoßes mit dem Ausstoßdatum. Befinden sich mehr Teilchen mit geringen Geschwindigkeiten als mit hohen im Schweif, so wird eine Ausbuchtung des Schweifes in der Nähe des Kopfes die Folge sein, ähnlich wie dies beim Kometen Mrkos der Fall war.

Es muß betont werden, daß diese gute Darstellung der Schweifform an sich nicht als Beweis für die Richtigkeit der oben formulierten Theorie angeführt werden kann. Sie zeigt nur, daß die

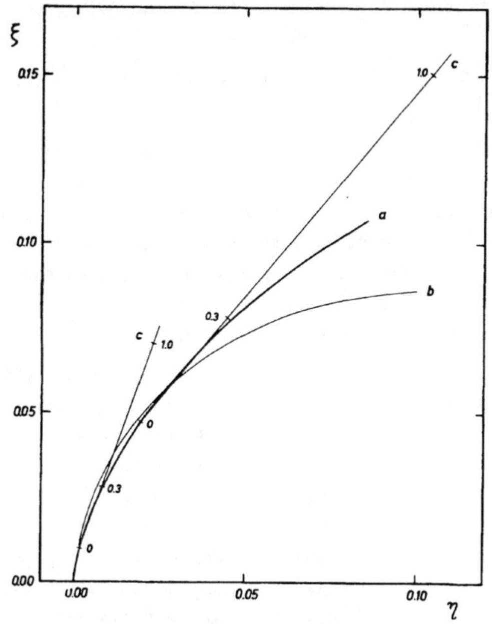

Abb. 19

Schweifformen (am Beispiel des Kometen Mrkos, Aug 14)

a - reine Repulsionskraft; $1 - \mu = 0$, $g = 0$ (Syndyname)

b - ungestörter Teilchenausstoß, reine Sonnenattraktion; $G = 175^{\circ}$, $1 - \mu = 1$, $g = 0.7$ (Syndyname)

c - Synchronen für Teilchen verschiedener Ausstoßgeschwindigkeit ($g = 0$ .. 0.3 .. 1.0, $G = 175^{\circ}$), bei gleichzeitigem Wirken der Repulsionskraft $1 - \mu = 0$ (Ausstoßzeitpunkte Aug 10.432 und Aug 6.432)

Beobachtungen nicht im Widerspruch zu dieser Theorie stehen. Abbildung 19 gibt einen Vergleich der Schweifformen, die mit den verschiedenen theoretischen Ansätzen als Syndyname erhalten werden können. Die beiden Extremfälle (Kurven a und b) unterscheiden sich - außer am Ende - so wenig voneinander, daß im allgemeinen auf Grund der beobachteten Schweifform kaum zwischen beiden Theorien wird entschieden werden können. Noch weniger unterscheiden sich Syndynamen voneinander, die z.B. mit gleicher Repulsionskraft, aber verschiedener Ausstoßgeschwindigkeit berechnet wurden. Die Abbildung zeigt, daß bis $g = 0.3$ ($\hat{=}$ 9 km sec^{-1}) die Kurven fast exakt zusammenfallen.

Da sich die von beiden Theorien geforderten Schweifformen also kaum unterscheiden und andererseits die klassische Theorie die Staubschweife aller Kometen darzustellen vermag, stehen der modifizierten Theorie hier keine Schwierigkeiten im Wege. Es ist auch durchaus damit zu rechnen, daß der von uns vorgeschlagene Mechanismus der Schweifbildung nur bei großen Kometen mit hoher

Ionendichte wirksam ist, während die Schweife kleiner, sonnenferner Kometen durch die ungestörte Wirkung des Strahlungsdrucks entstanden sein können.

2. Die bänderförmigen Strukturen der Typ II - Schweife

Einige große Kometen der Vergangenheit und auch der Komet Mrkos 1957 d zeigten am oberen Rande ihres großen Typ II-Schweifes streifenartige Strukturen. Sie verlaufen beim Kometen Mrkos etwa parallel zum Ionenschweif; der Anstellwinkel gegen diesen wächst mit wachsender Entfernung vom Kern etwas an. Ihre Verlängerung geht nie durch den Kern des Kometen, wie es bei echten klassischen Synchronen der Fall sein müßte.

Zur Erklärung der Streifen stehen prinzipiell drei Möglichkeiten zur Verfügung:

a) Die mechanische Deutung als Ort aller Teilchen, die zu einem bestimmten gleichen Zeitpunkt aus dem Kern bzw. Kopf ausgestoßen wurden (Synchronen).

b) Die Entstehung durch Bewegung geladener (Staub-) Teilchen im interplanetaren Magnetfeld.

c) Die Entstehung durch elektrische Wechselwirkung geladener Teilchen mit dem interplanetaren Plasma.

Von diesen Punkten kann die Variante b) sofort auf Grund der Beobachtungen ausgeschlossen werden. Die Streifenstrukturen im Schweife von 1957 d sind am 14. und 15. August sehr ähnlich (vgl. die Abb. 21) und bewegen sich nur wenig relativ zum Kometenkern. Die Bewegung des Kometen im interplanetaren Raume ist während dieses Tages wesentlich größer. Da die Teilchen an das Magnetfeld gebunden sein sollen, dieses aber im interplanetaren Raume wahrscheinlich eine etwa radiale Bewegung besitzt (jedenfalls nicht etwa senkrecht zur Ekliptik, wie Komet Mrkos), bliebe diese Bindung der Strukturen an den Kometen unverständlich.

Die Entstehung nach Punkt c) ist nach folgendem Prinzip möglich: Wenn durch einen völlig ausgebildeten Staubschweif scharf begrenzte Wolken dichten und kalten, nahezu magnetfeldfreien interplanetaren Plasmas hindurchtreten, so könnten die leichteren Teilchen einen - z.B. von der Teilchengröße abhängigen - Impuls in Richtung der Plasmabewegung erhalten. Das Resultat ist eine "Stoßsynchrone", die - bei gleicher Ausgangsgeschwindigkeit aller gestoßenen Teilchen - parallel zur Bewegungsrichtung des Plasmas liegt. Obwohl in dieser Weise die Existenz der Streifen und bei passender Wahl der eingehenden Parameter wahrscheinlich auch ihre Bewegung während einiger Tage erklärt werden kann, erscheint uns diese Deutung besonders wegen der geforderten Eigenschaften des interplanetaren Plasmas nicht sehr plausibel.

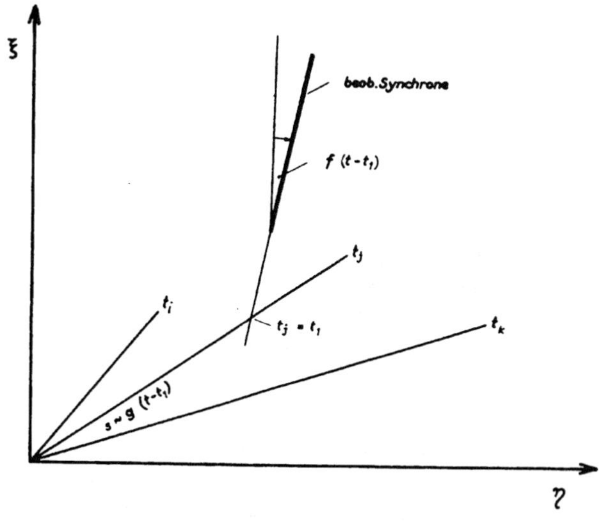

Abb. 20

Wir geben daher nach wie vor der Deutung der Streifen als Ausstoßsynchronen nach Punkt a) den Vorzug. Als einzige Ergänzung zur klassischen Theorie machen wir die oben begründete Annahme, daß die Teilchen in einer festgelegten Vorzugsrichtung die Koma mit hoher Geschwindigkeit verlassen. Die Bänder können dann gedeutet werden als der Ort aller Teilchen, die den Kometenkopf zum gleichen Zeitpunkt mit gleicher Geschwindigkeit verlassen haben und danach verschiedener Repulsionskraft ausgesetzt waren. Die Neigung der Synchronen gegen den Radiusvektor erweist sich als ziemlich unabhängig von der Ausstoßgeschwindigkeit; sie kann deshalb zur Bestimmung des Ausstoßdatums herangezogen werden. Ist dieses bekannt, so liefert der Schnitt mit der Synchrone $\mu = 1$ die Ausstoßgeschwindigkeit g (Abb. 20). Als Nebenbedingung muß außerdem die in der Praxis sehr einschneidende Forderung erfüllt sein, daß dieser Schnittpunkt unterhalb des Endes der beobachteten Synchrone liegt. Ferner müssen sich - in unserem Beispiel - die Synchronen der Tage August 14 und August 15 durch ein und dieselben Parameter darstellen lassen. In welchem Maße dies gelingt, zeigt die Abbildung 21, in die für einige der

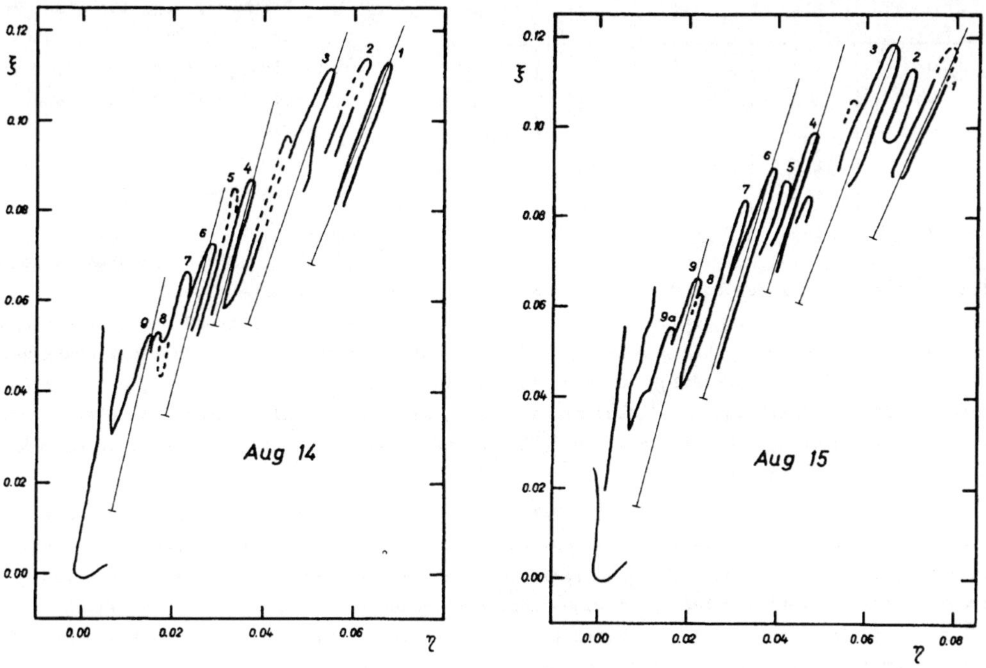

Abb. 21

beobachteten Bänder theoretische Synchronen eingezeichnet sind. (Man bedenke bei der Beurteilung der Abbildungen auch, daß die beobachteten Strukturen nur relativ unsicher auf den Photographien festgelegt und in die Kometenbahnebene übertragen werden können.) Die Synchronen sind mit $G = 172^{\circ}$ entsprechend dem wahren Anstellwinkel des Ionenschweifes gerechnet. Falls der Ausstoßwinkel $G = 175^{\circ}$ angenommen wird, ist die Darstellung kaum schlechter, allerdings fallen dann die Punkte $\mu = 1$ zum Teil bereits etwas über die unteren beobachteten Enden der Bänder. Noch größere G ergeben zuerst für die Synchronen 1 - 3 keine Lösungen mehr; für $G = 180^{\circ}$ gelingt nur für das Band 9 noch eine Darstellung. Ebenso ist keine Lösung vorhanden, falls die Repulsionskraft nicht entlang dem Radiusvektor (Lichtdruck), sondern in Richtung des Ionenschweifs wirkt.

Tabelle 7

Ausstoßdaten, Ausstoßgeschwindigkeiten und maximale Beschleunigungen für einige ausgewählte Schweifbänder

Synchrone Nr.	Ausstoß-datum	v [AE/58^{d}13]	v [km/sec]	$(1-\mu)_{max}$ Aug.14	$(1-\mu)_{max}$ Aug.15
G = 172°					
1	7.2	0.68	20	1.15	0.85
3	7.8	0.58	17	1.85	1.45
4	9.0	0.68	20	1.85	1.30
6	9.0$_5$	0.43	13	2.10	1.85
9	9.4	0.18	5.5	2.70	2.25
G = 175°					
1	7.0	0.75	22	0.85	0.60
3	7.8	0.70	21	1.40	0.85
4	8.7	0.70	21	1.20	0.95
6	8.9	0.50	15	1.65	1.50
9	9.0	0.15	4.5	2.35	1.95

Die letzte Annahme würde bedeuten, daß die Repulsionskraft durch die Wirkung des Sonnenwindes verursacht wird; dies ist also nicht der Fall.

Die Tabelle 8 gibt die Werte des Ausstoßdatums, der Ausstoßgeschwindigkeit sowie genähert die maximale Repulsionskraft $1 - \mu$ der ausgewählten Schweifbänder für G = 172° und 175°. Die Genauigkeit, mit der die einzelnen Parameter angebbar sind, beträgt für das Ausstoßdatum etwa $\pm$ 0^{d}3 und für die Geschwindigkeit $\pm$ 2 km sec^{-1}. Die Repulsionskräfte sind grobe Schätzungen ($\pm$ 0.2) auf Grund von Rechnungen mit $1 - \mu = 1$.

Die Ausstoßgeschwindigkeiten liegen also maximal bei 20 km sec^{-1}. Sie fallen damit in denselben Bereich, der - allerdings für ein späteres Beobachtungsdatum - für die Schweifionen im gleichen Kometen nahegelegt wird [75]. Um den 9. August herum scheinen kurz hintereinander mehrere Ausbrüche mit stark verschiedener Geschwindigkeit erfolgt zu sein, die zu den Bändern 4 - 9 Anlaß gaben. Auch die Zeitbestimmung für die Synchronen 1 - 3 ist nicht s o genau, daß man nicht auch hier einen eventuell nahezu gleichzeitigen Ausstoß etwa am 7. August annehmen könnte. Wir wollen diese Fragen hier jedoch nicht weiter untersuchen.

Die maximalen Repulsionskräfte der Tabelle zeigen eine sonderbare Korrelation mit dem Ausstoßdatum; außerdem liegen sie am 15. August tiefer als am 14. Falls dieser Zusammenhang reell ist, dürfte er nicht ganz einfach zu erklären sein; wir glauben jedoch, daß hier lediglich ein photographischer Effekt vorliegt. Mit wachsender Entfernung vom Kern (örtlich wie zeitlich) wird die Materie in den Spitzen der Synchronen immer mehr verdünnt, bis ihre Leuchtdichte schließlich unter die Schleiergrenze sinkt. Dies führt zu der beobachteten Abhängigkeit.

Die soeben skizzierte Erklärung der Schweifbänder fordert - da der Strahlungsdruck wirksam sein soll - kleine Staubteilchen im Größenbereich 0.1 - 1 µm. Diese kleinen Teilchen erreichen natürlich am leichtesten die volle Geschwindigkeit des Plasmastromes, während größere weit zurückbleiben können und vermutlich im helleren, amorphen Hauptteil des Schweifes zu finden sind. Kleinere Teilchen kommen also in merklicher Menge vor; sie scheinen jedoch nicht die überwiegende Masse des Staubes auszumachen. Die Ergebnisse der Diskussion des Teils I bleiben deshalb unberührt: Der Schweif besteht vermutlich aus Teilchen sehr verschiedener Durchmesser; die größeren scheinen dabei zu überwiegen.

Als Mechanismus für den Ausstoß konkreter Wolken aus Teilchen einheitlicher Geschwindigkeit, aber verschiedener Größe kommt wohl nur die Mitführung in jeweils e i n e r Plasmawolke bis zur vollen Geschwindigkeit dieser Wolke in Frage. Die in den Beobachtungen angedeutete Duplizität der Bänder läßt sich vielleicht dadurch erklären, daß man diese Plasmawolken mit großen Enveloppen identifiziert, die beiderseits des Kopfes in Schweifstrahlen übergehen und im wesentlichen in Richtung dieser beiden Strahlen die Teilchen beschleunigen. Es würden sich also dann zwei räumlich getrennte Staubwolken aus der Koma lösen, die durch den Strahlungsdruck schließlich in die Länge gezogen werden. Diese letzten Vermutungen können jedoch gegenwärtig nur als Spekulation gelten und müßten erst durch weitere Beobachtungen in Kopfnähe gesichert werden. Uns erscheint außerdem die Duplizität nicht so deutlich ausgeprägt, als daß man sie nicht vielleicht noch als zufällig hinnehmen könnte.

Im ganzen scheint es, daß die Übereinstimmung zwischen Theorie und Beobachtung hinreichend gut ist; vielleicht darf man sie sogar als eine Bestätigung der theoretischen Voraussetzungen ansehen.

Diese Arbeit ist ein Auszug aus der gleichnamigen Dissertation an der Mathematisch-Naturwissenschaftlichen Fakultät der Friedrich-Schiller-Universität Jena, 1963/64.

Herrn Prof. Dr. H. Lambrecht und Herrn Prof. Dr. J. Hoppe danke ich herzlich für ihr freundliches Entgegenkommen sowie für ihr förderndes Interesse, das sie der Durchführung dieser Arbeit entgegenbrachten, ferner Fräulein I. Stenke für ihre Hilfe bei der Ausführung von numerischen Rechnungen sowie für die Anfertigung der Zeichnungen. Zur Berechnung der Funktionen N und F stand der ZRA 1 des Rechenzentrums der Sternwarte Babelsberg zur Verfügung.

L i t e r a t u r

1 F.L. WHIPPLE, APJ 113, 464, 1951.

2 O.W. DOBROWOLSKIJ, Bull. Stalinabad 7, 1953.

3 A. WEIGERT, AN 285, 117, 1959 = Mitt. Jena 42.

4 R. JAEGERMANN, Prof. Dr. TH. BREDICHIN's mechanische Untersuchungen über Cometenformen. St. Petersburg 1903.

5 W. LILLER, APJ 132, 867, 1960 = Michigan Repr. 93.

6 M.F. WALKER, PASP 70, 191, 1958.

7 W.M. SINTON, PASP 71, 12, 1959.

8 M.F. WALKER, PASP 71, 169, 1959.

9 M.K. VAINU-BAPPU, S.D. SINVHAL, MN 120, 152, 1960.

10 W.M. SINTON, Lowell Obs. Bull. 111 (Vol. 5, 54, 1961).

11 P. NOTNI, AN 286, 169, 1962.

12 K.M. YOSS, PASP 67, 407, 1955.

13 Y. ÖHMAN, Stockholm Obs. Ann. 13, Nr. 11.

14 D.E. BLACKWELL, R.V. WILLSTROP, MN 117, 383, 1957.

15 H.M. JOHNSON, PASP 72, 10, 1960.

16 J. HOPMANN, TH. WIDORN und A. PURGATHOFER, Mitt. Wien 9, 211, 1958.

17 M.TH. MARTEL, Ann. d'Astrophys. 23, 480, 1960.

18 J.N. LIPSKIJ, Astron. Circ. UdSSR 185, 3, 1957.

19 A.A. HOAG, PASP 70, 203, 1958.

20 M.TH. MARTEL, Ann. d'Astrophys. 23, 498, 1960.

21 T. CIURLA, Wroclaw Reprint 36 = Acta Astronomica 12, 55, 1962.

22 L. HOUZIAUX, L. BATTIAU, Liege, Coll. in 8° 16, N° 400, 1958.

23 R.H. GIESE, ZfA 51, 119, 1961 = Mitt. Tübingen 52.

24 R.H. GIESE, Meteorol. Rundschau 14, 48, 1961.

25 R.H. GIESE, Z.f.Naturforschung 14a, 1085, 1959.

26 H. BLUMER, Z.f.Physik 32, 119, 1925.

27 R.H. GIESE, H. SIEDENTOPF, ZfA 54, 200, 1962 = Mitt. Tübingen 58.

28 D.L. HARRIS, Photometry and colorimetry of planets and satellites
A. DOLLFUS, Polarization studies of planets
in G.P. KUIPER, Planets and Satellites, Chicago 1961, S. 272 u. 343.

29 S. VAN DEN BERGH, AJ. 67, 147, 1962.

30 P. GUERIN, Liege, Coll. in 8°, N° 448, 402, 1963.

31 J. GROENEVELD, G.P. KUIPER, APJ. 120, 529, 1954.

32 D.E. BLACKWELL, M.F. INGHAM, M.N. 122, 113, 1961.

33 N.B. RICHTER, Veröff. Sonneberg 5, Heft 3, 1962.

34 F. BÖRNGEN, N.B. RICHTER, Veröff. Sonneberg 5, Heft 4, 1962.

35 E.L. KRINOV, Principles of Meteoritics. Pergamon Press 1960 (Oxford, London, New York, Paris).

36 F.A. KLOVERSTROM, W.A. RENSE, APJ 115, 495, 1952.

37 B. LYOT, Ann. Obs. Meudon 8 (nicht eingesehen).

38 A. DOLLFUS, Ann. d'Astrophys. 19, 83, 1956.

39 J. D'ANS, E. LAX, Taschenbuch für Chemiker und Physiker, Berlin 1943.

40 M.J.S. BELTON, J.C. BRANDT, P.W. HODGE, Ann. d'Astrophys. 26, 250, 1963.

41 E.J. ÖPIK, Irish Astron. J. 4, 84, 1956.

42 E.J. ÖPIK, Planet. Space Sci. 9, 211, 1962.

43 S.F. SINGER, Measurements of interplanetary dust
in ALLEN, Scientific Uses of Earth Satellites, Ann Arbor, 1956, p. 301.

44 F.L. WHIPPLE, Meteoritic material in space
in BENSON and STRUGHOLD, Physics and medicine of the Atmosphere and Space, New York 1960, p. 48.

45 K.P. CHOPRA, Rev. of Mod. Phys. 33, 153, 1961.

46 P.G. KURT, V.I. MOROZ, Iskustw. Sputniki Semli 7, 78, 1961;
übersetzt in Planet. Space Sci. 9, 259, 1962.

47 S.P. WYATT jr., Astron.J. 68, 300, 1963.

48 CL. SCHAEFER, "Einführung in die theoretische Physik", Band II, S. 405 ff. Berlin u. Leipzig 1929.

49 R. KOLLATH, Sekundärelektronen-Emission fester Körper bei Bestrahlung mit Elektronen
in FLÜGGE, Handbuch der Physik, Band 21, S. 232, 1956.

50 H. BRUINING, Physics and applications of secondary electron emission, London 1954.

51 G.L. WEISSLER, Photoionization in gases and photoelectric emission from solids
in FLÜGGE, Handbuch der Physik, Band 21, S. 304, 1956.

52 H.E. HINTEREGGER, Telemetring monochromator measurements of extreme ultraviolet radiation. I.
in LILLER, Space Astrophysics, S. 34, New York 1961.

53 J.A. SHUBA, A.M. TJUTIKOV, O.M. SOROKIN, Iskustw. Sputniki Semli 10, 55, 1961; übersetzt in Planetary and Space Sci. 9, 869, 1962.

54 P. GÖRLICH Photoeffekte I, S. 120, 1962 (Leipzig 1962).

55 H.E. HINTEREGGER, J. Geoph. Res. 66, 2367, 1961.

56 H. FRIEDMANN, X-ray and ultraviolet radiation measurements from rockets
in LILLER, Space Astrophysics, S. 107, New York 1961.

57 K.J. GRINGAUZ, Space Research II, 539, 1961.

58 T. OBAYASKI, Y. HAKURA, Geophys. Res. 65, 3131, 1960.

59 P.S. EPSTEIN, Phys. Rev. 23, 710, 1924 (nicht eingesehen).

60 H. ASHLEY, J. Aeron. Sci. 16, 95, 1949.

61 J. HOPPE, AN 283, 95, 1956.

62 E. SÄNGER, Z. f. Naturforschung 9a, 410, 1954.

63 G.K. WEHNER, Phys. Rev. 112, 1120, 1958.

64 E.B. HENSCHKE, Phys. Rev. 121, 1286, 1961.

65 G.K. WEHNER, C. KENKNIGHT, D.L. ROSENBERG, Planet. Space Sci. 11, 885, 1963.

66 G.K. WEHNER, Phys. Rev. 114, 1270, 1959.

67 L. SPITZER jr., Physics of fully ionized gases. ed. MARSHAK, New York, London 1956

68 S. GASIOROVICZ, M. NEUMAN, R. RIDDELL, Phys. Rev. 101, 922, 1956

69 D. PINES, D. BOHM, Phys. Rev. 85, 338, 1952.

70 L. KRAUS, K.M. WATSON, Phys. Fluids 1, 480, 1958.

71 P.S. GREIFINGER, Phys. Fluids 4, 104, 1961.

72 H.-B. VALENTINI, Monatsber. Dt. Akad. Wiss. 5, 11, 1963.

73 L.S. MAROTSCHNIK, AJ UdSSR 39, 678, 1962.

74 M. HARWITT, F. HOYLE, APJ 135, 875, 1962.

75 RH. LÜST, ZfA 54, 67, 1962.

76 K. WURM, Liege, Inst. d'Astrophys. Coll. in 8° 17, N° 418, 369
= Mem. Soc. Royale Liege 4, 369, 1961.

77 K. WURM, Mitt. Bergedorf 24, Seite 25 (Nr. 279) = Icarus 1, 144, 1962.

78 W. LILLER, AJ. 66, 372, 1961.

79 Sky and Telescope 16, S. 568 u. 572 (1957).